5 Millionen Mikroben pro Seite zum Erforschen

Für Mikroskope und Petrischale

FSC
www.fsc.org
MIX
Papier aus verantwortungsvollen Quellen
Paper from responsible sources
FSC® C105338

Biologe Vincent Hohne

5 Millionen Mikroben pro Seite zum Erforschen

Für Mikroskope und Petrischale

Bibliografische Information der Deutschen Nationalbibliothek
Die Deutsche Nationalbibliothek verzeichnet diese Publikation in der Deutschen Nationalbibliografie; detaillierte bibliografische Daten sind im Internet über http://dnb.d-nb.de abrufbar.

ISBN: 978-3-7693-0475-6

Verlag: BoD · Books on Demand GmbH,
In de Tarpen 42, 22848 Norderstedt
Druck: Libri Plureos GmbH,
Friedensallee 273, 22763 Hamburg

19,99 Euro

Willkommen in der faszinierenden Welt der Mikroben! Dieses Buch, das mit 104 Seiten ausgestattet ist, hat einen ganz besonderen Zweck: Es ist nicht nur ein gewöhnliches Buch, sondern ein lebendiges Objekt, das dir die Möglichkeit bietet, die unsichtbare Mikrowelt zu erkunden. Auf jeder Seite findest du das Wort „Mikrobenfeld“, das die Präsenz von etwa 5 Millionen Mikroben repräsentiert.

Die Seiten sind ein Reservoir für Mikroben und laden dich ein, sie unter einem Mikroskop zu betrachten oder auf einer Petrischale zu kultivieren. Hier hast du die Möglichkeit, die Vielfalt und den Reichtum der Mikrobenwelt zu entdecken. Dieses Buch ist ein Werkzeug für Wissenschaftler, Studierende und jeden, der sich für Mikrobiologie interessiert.

Es soll dich inspirieren, die unsichtbaren Lebensformen um uns herum zu schätzen und das Bewusstsein für die Rolle von Mikroben in unserem Alltag zu schärfen. Bereite dich darauf vor, in die spannende Welt der Mikroben einzutauchen und das Unbekannte sichtbar zu machen!

Mikrobenfeld Mikrobenfeld Mikrobenfeld
Mikrobenfeld Mikrobenfeld Mikrobenfeld
Mikrobenfeld Mikrobenfeld Mikrobenfeld Mikrobenfeld
Mikrobenfeld Mikrobenfeld Mikrobenfeld Mikrobenfeld
Mikrobenfeld Mikrobenfeld Mikrobenfeld Mikrobenfeld
Mikrobenfeld Mikrobenfeld Mikrobenfeld Mikrobenfeld
Mikrobenfeld Mikrobenfeld Mikrobenfeld Mikrobenfeld
Mikrobenfeld Mikrobenfeld Mikrobenfeld Mikrobenfeld
Mikrobenfeld Mikrobenfeld Mikrobenfeld Mikrobenfeld
Mikrobenfeld Mikrobenfeld Mikrobenfeld Mikrobenfeld
Mikrobenfeld Mikrobenfeld Mikrobenfeld Mikrobenfeld
Mikrobenfeld Mikrobenfeld Mikrobenfeld Mikrobenfeld
Mikrobenfeld Mikrobenfeld Mikrobenfeld Mikrobenfeld
Mikrobenfeld Mikrobenfeld Mikrobenfeld Mikrobenfeld
Mikrobenfeld Mikrobenfeld Mikrobenfeld Mikrobenfeld
Mikrobenfeld Mikrobenfeld Mikrobenfeld Mikrobenfeld
Mikrobenfeld Mikrobenfeld Mikrobenfeld Mikrobenfeld
Mikrobenfeld Mikrobenfeld Mikrobenfeld Mikrobenfeld
Mikrobenfeld Mikrobenfeld Mikrobenfeld Mikrobenfeld
Mikrobenfeld Mikrobenfeld Mikrobenfeld Mikrobenfeld
Mikrobenfeld Mikrobenfeld Mikrobenfeld Mikrobenfeld
Mikrobenfeld Mikrobenfeld Mikrobenfeld Mikrobenfeld
Mikrobenfeld Mikrobenfeld Mikrobenfeld
Mikrobenfeld Mikrobenfeld Mikrobenfeld
Mikrobenfeld Mikrobenfeld Mikrobenfeld Mikrobenfeld
Mikrobenfeld Mikrobenfeld Mikrobenfeld Mikrobenfeld
Mikrobenfeld Mikrobenfeld Mikrobenfeld Mikrobenfeld
Mikrobenfeld Mikrobenfeld Mikrobenfeld Mikrobenfeld
Mikrobenfeld Mikrobenfeld Mikrobenfeld Mikrobenfeld
Mikrobenfeld Mikrobenfeld Mikrobenfeld Mikrobenfeld
Mikrobenfeld Mikrobenfeld Mikrobenfeld Mikrobenfeld
Mikrobenfeld Mikrobenfeld Mikrobenfeld Mikrobenfeld
Mikrobenfeld Mikrobenfeld Mikrobenfeld Mikrobenfeld
Mikrobenfeld Mikrobenfeld Mikrobenfeld Mikrobenfeld
Mikrobenfeld Mikrobenfeld Mikrobenfeld Mikrobenfeld
Mikrobenfeld Mikrobenfeld Mikrobenfeld Mikrobenfeld
Mikrobenfeld Mikrobenfeld Mikrobenfeld Mikrobenfeld
Mikrobenfeld Mikrobenfeld Mikrobenfeld Mikrobenfeld

Mikrobenfeld Mikrobenfeld Mikrobenfeld Mikrobenfeld
Mikrobenfeld Mikrobenfeld Mikrobenfeld Mikrobenfeld
Mikrobenfeld Mikrobenfeld Mikrobenfeld Mikrobenfeld
Mikrobenfeld Mikrobenfeld Mikrobenfeld Mikrobenfeld
Mikrobenfeld Mikrobenfeld Mikrobenfeld Mikrobenfeld
Mikrobenfeld Mikrobenfeld Mikrobenfeld Mikrobenfeld
Mikrobenfeld Mikrobenfeld Mikrobenfeld
Mikrobenfeld Mikrobenfeld Mikrobenfeld
Mikrobenfeld Mikrobenfeld Mikrobenfeld Mikrobenfeld
Mikrobenfeld Mikrobenfeld Mikrobenfeld Mikrobenfeld
Mikrobenfeld Mikrobenfeld Mikrobenfeld Mikrobenfeld
Mikrobenfeld Mikrobenfeld Mikrobenfeld Mikrobenfeld
Mikrobenfeld Mikrobenfeld Mikrobenfeld Mikrobenfeld
Mikrobenfeld Mikrobenfeld Mikrobenfeld Mikrobenfeld
Mikrobenfeld Mikrobenfeld Mikrobenfeld Mikrobenfeld
Mikrobenfeld Mikrobenfeld Mikrobenfeld Mikrobenfeld
Mikrobenfeld Mikrobenfeld Mikrobenfeld Mikrobenfeld
Mikrobenfeld Mikrobenfeld Mikrobenfeld Mikrobenfeld
Mikrobenfeld Mikrobenfeld Mikrobenfeld Mikrobenfeld
Mikrobenfeld Mikrobenfeld Mikrobenfeld Mikrobenfeld
Mikrobenfeld Mikrobenfeld Mikrobenfeld Mikrobenfeld
Mikrobenfeld Mikrobenfeld Mikrobenfeld Mikrobenfeld
Mikrobenfeld Mikrobenfeld Mikrobenfeld Mikrobenfeld
Mikrobenfeld Mikrobenfeld Mikrobenfeld Mikrobenfeld
Mikrobenfeld Mikrobenfeld Mikrobenfeld Mikrobenfeld
Mikrobenfeld Mikrobenfeld Mikrobenfeld Mikrobenfeld
Mikrobenfeld Mikrobenfeld Mikrobenfeld Mikrobenfeld
Mikrobenfeld Mikrobenfeld Mikrobenfeld Mikrobenfeld
Mikrobenfeld Mikrobenfeld Mikrobenfeld
Mikrobenfeld Mikrobenfeld Mikrobenfeld
Mikrobenfeld Mikrobenfeld Mikrobenfeld Mikrobenfeld
Mikrobenfeld Mikrobenfeld Mikrobenfeld Mikrobenfeld
Mikrobenfeld Mikrobenfeld Mikrobenfeld Mikrobenfeld
Mikrobenfeld Mikrobenfeld Mikrobenfeld Mikrobenfeld
Mikrobenfeld Mikrobenfeld Mikrobenfeld Mikrobenfeld
Mikrobenfeld Mikrobenfeld Mikrobenfeld Mikrobenfeld
Mikrobenfeld Mikrobenfeld Mikrobenfeld Mikrobenfeld
Mikrobenfeld Mikrobenfeld Mikrobenfeld Mikrobenfeld

Mikrobenfeld Mikrobenfeld Mikrobenfeld Mikrobenfeld
Mikrobenfeld Mikrobenfeld Mikrobenfeld Mikrobenfeld
Mikrobenfeld Mikrobenfeld Mikrobenfeld Mikrobenfeld
Mikrobenfeld Mikrobenfeld Mikrobenfeld Mikrobenfeld
Mikrobenfeld Mikrobenfeld Mikrobenfeld Mikrobenfeld
Mikrobenfeld Mikrobenfeld Mikrobenfeld Mikrobenfeld
Mikrobenfeld Mikrobenfeld Mikrobenfeld Mikrobenfeld
Mikrobenfeld Mikrobenfeld Mikrobenfeld Mikrobenfeld
Mikrobenfeld Mikrobenfeld Mikrobenfeld Mikrobenfeld
Mikrobenfeld Mikrobenfeld Mikrobenfeld Mikrobenfeld
Mikrobenfeld Mikrobenfeld Mikrobenfeld Mikrobenfeld
Mikrobenfeld Mikrobenfeld Mikrobenfeld Mikrobenfeld
Mikrobenfeld Mikrobenfeld Mikrobenfeld
Mikrobenfeld Mikrobenfeld Mikrobenfeld
Mikrobenfeld Mikrobenfeld Mikrobenfeld Mikrobenfeld
Mikrobenfeld Mikrobenfeld Mikrobenfeld Mikrobenfeld
Mikrobenfeld Mikrobenfeld Mikrobenfeld Mikrobenfeld
Mikrobenfeld Mikrobenfeld Mikrobenfeld Mikrobenfeld
Mikrobenfeld Mikrobenfeld Mikrobenfeld Mikrobenfeld
Mikrobenfeld Mikrobenfeld Mikrobenfeld Mikrobenfeld
Mikrobenfeld Mikrobenfeld Mikrobenfeld Mikrobenfeld
Mikrobenfeld Mikrobenfeld Mikrobenfeld Mikrobenfeld
Mikrobenfeld Mikrobenfeld Mikrobenfeld Mikrobenfeld
Mikrobenfeld Mikrobenfeld Mikrobenfeld Mikrobenfeld
Mikrobenfeld Mikrobenfeld Mikrobenfeld Mikrobenfeld
Mikrobenfeld Mikrobenfeld Mikrobenfeld Mikrobenfeld
Mikrobenfeld Mikrobenfeld Mikrobenfeld Mikrobenfeld
Mikrobenfeld Mikrobenfeld Mikrobenfeld Mikrobenfeld
Mikrobenfeld Mikrobenfeld Mikrobenfeld Mikrobenfeld
Mikrobenfeld Mikrobenfeld Mikrobenfeld Mikrobenfeld
Mikrobenfeld Mikrobenfeld Mikrobenfeld Mikrobenfeld
Mikrobenfeld Mikrobenfeld Mikrobenfeld Mikrobenfeld
Mikrobenfeld Mikrobenfeld Mikrobenfeld Mikrobenfeld
Mikrobenfeld Mikrobenfeld Mikrobenfeld Mikrobenfeld
Mikrobenfeld Mikrobenfeld Mikrobenfeld
Mikrobenfeld Mikrobenfeld Mikrobenfeld
Mikrobenfeld Mikrobenfeld Mikrobenfeld Mikrobenfeld
Mikrobenfeld Mikrobenfeld Mikrobenfeld Mikrobenfeld

Mikrobenfeld Mikrobenfeld Mikrobenfeld Mikrobenfeld
Mikrobenfeld Mikrobenfeld Mikrobenfeld Mikrobenfeld
Mikrobenfeld Mikrobenfeld Mikrobenfeld Mikrobenfeld
Mikrobenfeld Mikrobenfeld Mikrobenfeld Mikrobenfeld
Mikrobenfeld Mikrobenfeld Mikrobenfeld Mikrobenfeld
Mikrobenfeld Mikrobenfeld Mikrobenfeld Mikrobenfeld
Mikrobenfeld Mikrobenfeld Mikrobenfeld Mikrobenfeld
Mikrobenfeld Mikrobenfeld Mikrobenfeld Mikrobenfeld
Mikrobenfeld Mikrobenfeld Mikrobenfeld Mikrobenfeld
Mikrobenfeld Mikrobenfeld Mikrobenfeld Mikrobenfeld
Mikrobenfeld Mikrobenfeld Mikrobenfeld Mikrobenfeld
Mikrobenfeld Mikrobenfeld Mikrobenfeld Mikrobenfeld
Mikrobenfeld Mikrobenfeld Mikrobenfeld Mikrobenfeld
Mikrobenfeld Mikrobenfeld Mikrobenfeld Mikrobenfeld
Mikrobenfeld Mikrobenfeld Mikrobenfeld Mikrobenfeld
Mikrobenfeld Mikrobenfeld Mikrobenfeld Mikrobenfeld
Mikrobenfeld Mikrobenfeld Mikrobenfeld Mikrobenfeld
Mikrobenfeld Mikrobenfeld Mikrobenfeld Mikrobenfeld
Mikrobenfeld Mikrobenfeld Mikrobenfeld
Mikrobenfeld Mikrobenfeld Mikrobenfeld
Mikrobenfeld Mikrobenfeld Mikrobenfeld Mikrobenfeld
Mikrobenfeld Mikrobenfeld Mikrobenfeld Mikrobenfeld
Mikrobenfeld Mikrobenfeld Mikrobenfeld Mikrobenfeld
Mikrobenfeld Mikrobenfeld Mikrobenfeld Mikrobenfeld
Mikrobenfeld Mikrobenfeld Mikrobenfeld Mikrobenfeld
Mikrobenfeld Mikrobenfeld Mikrobenfeld Mikrobenfeld
Mikrobenfeld Mikrobenfeld Mikrobenfeld Mikrobenfeld
Mikrobenfeld Mikrobenfeld Mikrobenfeld Mikrobenfeld
Mikrobenfeld Mikrobenfeld Mikrobenfeld Mikrobenfeld
Mikrobenfeld Mikrobenfeld Mikrobenfeld Mikrobenfeld
Mikrobenfeld Mikrobenfeld Mikrobenfeld Mikrobenfeld
Mikrobenfeld Mikrobenfeld Mikrobenfeld Mikrobenfeld
Mikrobenfeld Mikrobenfeld Mikrobenfeld Mikrobenfeld
Mikrobenfeld Mikrobenfeld Mikrobenfeld Mikrobenfeld
Mikrobenfeld Mikrobenfeld Mikrobenfeld Mikrobenfeld
Mikrobenfeld Mikrobenfeld Mikrobenfeld Mikrobenfeld
Mikrobenfeld Mikrobenfeld Mikrobenfeld Mikrobenfeld

Mikrobenfeld Mikrobenfeld Mikrobenfeld Mikrobenfeld
Mikrobenfeld Mikrobenfeld Mikrobenfeld Mikrobenfeld
Mikrobenfeld Mikrobenfeld Mikrobenfeld
Mikrobenfeld Mikrobenfeld Mikrobenfeld
Mikrobenfeld Mikrobenfeld Mikrobenfeld Mikrobenfeld
Mikrobenfeld Mikrobenfeld Mikrobenfeld Mikrobenfeld
Mikrobenfeld Mikrobenfeld Mikrobenfeld Mikrobenfeld
Mikrobenfeld Mikrobenfeld Mikrobenfeld Mikrobenfeld
Mikrobenfeld Mikrobenfeld Mikrobenfeld Mikrobenfeld
Mikrobenfeld Mikrobenfeld Mikrobenfeld Mikrobenfeld
Mikrobenfeld Mikrobenfeld Mikrobenfeld Mikrobenfeld
Mikrobenfeld Mikrobenfeld Mikrobenfeld Mikrobenfeld
Mikrobenfeld Mikrobenfeld Mikrobenfeld Mikrobenfeld
Mikrobenfeld Mikrobenfeld Mikrobenfeld Mikrobenfeld
Mikrobenfeld Mikrobenfeld Mikrobenfeld Mikrobenfeld
Mikrobenfeld Mikrobenfeld Mikrobenfeld Mikrobenfeld
Mikrobenfeld Mikrobenfeld Mikrobenfeld Mikrobenfeld
Mikrobenfeld Mikrobenfeld Mikrobenfeld Mikrobenfeld
Mikrobenfeld Mikrobenfeld Mikrobenfeld Mikrobenfeld
Mikrobenfeld Mikrobenfeld Mikrobenfeld Mikrobenfeld
Mikrobenfeld Mikrobenfeld Mikrobenfeld Mikrobenfeld
Mikrobenfeld Mikrobenfeld Mikrobenfeld Mikrobenfeld
Mikrobenfeld Mikrobenfeld Mikrobenfeld Mikrobenfeld
Mikrobenfeld Mikrobenfeld Mikrobenfeld Mikrobenfeld
Mikrobenfeld Mikrobenfeld Mikrobenfeld
Mikrobenfeld Mikrobenfeld Mikrobenfeld
Mikrobenfeld Mikrobenfeld Mikrobenfeld Mikrobenfeld
Mikrobenfeld Mikrobenfeld Mikrobenfeld Mikrobenfeld
Mikrobenfeld Mikrobenfeld Mikrobenfeld Mikrobenfeld
Mikrobenfeld Mikrobenfeld Mikrobenfeld Mikrobenfeld
Mikrobenfeld Mikrobenfeld Mikrobenfeld Mikrobenfeld
Mikrobenfeld Mikrobenfeld Mikrobenfeld Mikrobenfeld
Mikrobenfeld Mikrobenfeld Mikrobenfeld Mikrobenfeld
Mikrobenfeld Mikrobenfeld Mikrobenfeld Mikrobenfeld
Mikrobenfeld Mikrobenfeld Mikrobenfeld Mikrobenfeld
Mikrobenfeld Mikrobenfeld Mikrobenfeld Mikrobenfeld
Mikrobenfeld Mikrobenfeld Mikrobenfeld Mikrobenfeld
Mikrobenfeld Mikrobenfeld Mikrobenfeld Mikrobenfeld

Mikrobenfeld Mikrobenfeld Mikrobenfeld Mikrobenfeld
Mikrobenfeld Mikrobenfeld Mikrobenfeld Mikrobenfeld
Mikrobenfeld Mikrobenfeld Mikrobenfeld Mikrobenfeld
Mikrobenfeld Mikrobenfeld Mikrobenfeld Mikrobenfeld
Mikrobenfeld Mikrobenfeld Mikrobenfeld Mikrobenfeld
Mikrobenfeld Mikrobenfeld Mikrobenfeld Mikrobenfeld
Mikrobenfeld Mikrobenfeld Mikrobenfeld Mikrobenfeld
Mikrobenfeld Mikrobenfeld Mikrobenfeld Mikrobenfeld
Mikrobenfeld Mikrobenfeld Mikrobenfeld
Mikrobenfeld Mikrobenfeld Mikrobenfeld
Mikrobenfeld Mikrobenfeld Mikrobenfeld Mikrobenfeld
Mikrobenfeld Mikrobenfeld Mikrobenfeld Mikrobenfeld
Mikrobenfeld Mikrobenfeld Mikrobenfeld Mikrobenfeld
Mikrobenfeld Mikrobenfeld Mikrobenfeld Mikrobenfeld
Mikrobenfeld Mikrobenfeld Mikrobenfeld Mikrobenfeld
Mikrobenfeld Mikrobenfeld Mikrobenfeld Mikrobenfeld
Mikrobenfeld Mikrobenfeld Mikrobenfeld Mikrobenfeld
Mikrobenfeld Mikrobenfeld Mikrobenfeld Mikrobenfeld
Mikrobenfeld Mikrobenfeld Mikrobenfeld Mikrobenfeld
Mikrobenfeld Mikrobenfeld Mikrobenfeld Mikrobenfeld
Mikrobenfeld Mikrobenfeld Mikrobenfeld Mikrobenfeld
Mikrobenfeld Mikrobenfeld Mikrobenfeld Mikrobenfeld
Mikrobenfeld Mikrobenfeld Mikrobenfeld Mikrobenfeld
Mikrobenfeld Mikrobenfeld Mikrobenfeld Mikrobenfeld
Mikrobenfeld Mikrobenfeld Mikrobenfeld Mikrobenfeld
Mikrobenfeld Mikrobenfeld Mikrobenfeld Mikrobenfeld
Mikrobenfeld Mikrobenfeld Mikrobenfeld Mikrobenfeld
Mikrobenfeld Mikrobenfeld Mikrobenfeld Mikrobenfeld
Mikrobenfeld Mikrobenfeld Mikrobenfeld Mikrobenfeld
Mikrobenfeld Mikrobenfeld Mikrobenfeld Mikrobenfeld
Mikrobenfeld Mikrobenfeld Mikrobenfeld
Mikrobenfeld Mikrobenfeld Mikrobenfeld
Mikrobenfeld Mikrobenfeld Mikrobenfeld Mikrobenfeld
Mikrobenfeld Mikrobenfeld Mikrobenfeld Mikrobenfeld
Mikrobenfeld Mikrobenfeld Mikrobenfeld Mikrobenfeld
Mikrobenfeld Mikrobenfeld Mikrobenfeld Mikrobenfeld
Mikrobenfeld Mikrobenfeld Mikrobenfeld Mikrobenfeld
Mikrobenfeld Mikrobenfeld Mikrobenfeld Mikrobenfeld

Mikrobenfeld Mikrobenfeld Mikrobenfeld Mikrobenfeld
Mikrobenfeld Mikrobenfeld Mikrobenfeld Mikrobenfeld
Mikrobenfeld Mikrobenfeld Mikrobenfeld Mikrobenfeld
Mikrobenfeld Mikrobenfeld Mikrobenfeld Mikrobenfeld
Mikrobenfeld Mikrobenfeld Mikrobenfeld Mikrobenfeld
Mikrobenfeld Mikrobenfeld Mikrobenfeld Mikrobenfeld
Mikrobenfeld Mikrobenfeld Mikrobenfeld Mikrobenfeld
Mikrobenfeld Mikrobenfeld Mikrobenfeld Mikrobenfeld
Mikrobenfeld Mikrobenfeld Mikrobenfeld Mikrobenfeld
Mikrobenfeld Mikrobenfeld Mikrobenfeld Mikrobenfeld
Mikrobenfeld Mikrobenfeld Mikrobenfeld Mikrobenfeld
Mikrobenfeld Mikrobenfeld Mikrobenfeld Mikrobenfeld
Mikrobenfeld Mikrobenfeld Mikrobenfeld Mikrobenfeld
Mikrobenfeld Mikrobenfeld Mikrobenfeld Mikrobenfeld
Mikrobenfeld Mikrobenfeld Mikrobenfeld
Mikrobenfeld Mikrobenfeld Mikrobenfeld
Mikrobenfeld Mikrobenfeld Mikrobenfeld Mikrobenfeld
Mikrobenfeld Mikrobenfeld Mikrobenfeld Mikrobenfeld
Mikrobenfeld Mikrobenfeld Mikrobenfeld Mikrobenfeld
Mikrobenfeld Mikrobenfeld Mikrobenfeld Mikrobenfeld
Mikrobenfeld Mikrobenfeld Mikrobenfeld Mikrobenfeld
Mikrobenfeld Mikrobenfeld Mikrobenfeld Mikrobenfeld
Mikrobenfeld Mikrobenfeld Mikrobenfeld Mikrobenfeld
Mikrobenfeld Mikrobenfeld Mikrobenfeld Mikrobenfeld
Mikrobenfeld Mikrobenfeld Mikrobenfeld Mikrobenfeld
Mikrobenfeld Mikrobenfeld Mikrobenfeld Mikrobenfeld
Mikrobenfeld Mikrobenfeld Mikrobenfeld Mikrobenfeld
Mikrobenfeld Mikrobenfeld Mikrobenfeld Mikrobenfeld
Mikrobenfeld Mikrobenfeld Mikrobenfeld Mikrobenfeld
Mikrobenfeld Mikrobenfeld Mikrobenfeld Mikrobenfeld
Mikrobenfeld Mikrobenfeld Mikrobenfeld Mikrobenfeld
Mikrobenfeld Mikrobenfeld Mikrobenfeld Mikrobenfeld
Mikrobenfeld Mikrobenfeld Mikrobenfeld Mikrobenfeld
Mikrobenfeld Mikrobenfeld Mikrobenfeld Mikrobenfeld
Mikrobenfeld Mikrobenfeld Mikrobenfeld Mikrobenfeld
Mikrobenfeld Mikrobenfeld Mikrobenfeld Mikrobenfeld
Mikrobenfeld Mikrobenfeld Mikrobenfeld
Mikrobenfeld Mikrobenfeld Mikrobenfeld

Mikrobenfeld Mikrobenfeld Mikrobenfeld Mikrobenfeld
Mikrobenfeld Mikrobenfeld Mikrobenfeld Mikrobenfeld
Mikrobenfeld Mikrobenfeld Mikrobenfeld Mikrobenfeld
Mikrobenfeld Mikrobenfeld Mikrobenfeld Mikrobenfeld
Mikrobenfeld Mikrobenfeld Mikrobenfeld Mikrobenfeld
Mikrobenfeld Mikrobenfeld Mikrobenfeld Mikrobenfeld
Mikrobenfeld Mikrobenfeld Mikrobenfeld Mikrobenfeld
Mikrobenfeld Mikrobenfeld Mikrobenfeld Mikrobenfeld
Mikrobenfeld Mikrobenfeld Mikrobenfeld Mikrobenfeld
Mikrobenfeld Mikrobenfeld Mikrobenfeld Mikrobenfeld
Mikrobenfeld Mikrobenfeld Mikrobenfeld Mikrobenfeld
Mikrobenfeld Mikrobenfeld Mikrobenfeld Mikrobenfeld
Mikrobenfeld Mikrobenfeld Mikrobenfeld Mikrobenfeld
Mikrobenfeld Mikrobenfeld Mikrobenfeld Mikrobenfeld
Mikrobenfeld Mikrobenfeld Mikrobenfeld Mikrobenfeld
Mikrobenfeld Mikrobenfeld Mikrobenfeld Mikrobenfeld
Mikrobenfeld Mikrobenfeld Mikrobenfeld Mikrobenfeld
Mikrobenfeld Mikrobenfeld Mikrobenfeld Mikrobenfeld
Mikrobenfeld Mikrobenfeld Mikrobenfeld Mikrobenfeld
Mikrobenfeld Mikrobenfeld Mikrobenfeld Mikrobenfeld

Mikrobenfeld Mikrobenfeld Mikrobenfeld
Mikrobenfeld Mikrobenfeld Mikrobenfeld
Mikrobenfeld Mikrobenfeld Mikrobenfeld Mikrobenfeld
Mikrobenfeld Mikrobenfeld Mikrobenfeld Mikrobenfeld
Mikrobenfeld Mikrobenfeld Mikrobenfeld Mikrobenfeld
Mikrobenfeld Mikrobenfeld Mikrobenfeld Mikrobenfeld
Mikrobenfeld Mikrobenfeld Mikrobenfeld Mikrobenfeld
Mikrobenfeld Mikrobenfeld Mikrobenfeld Mikrobenfeld
Mikrobenfeld Mikrobenfeld Mikrobenfeld Mikrobenfeld
Mikrobenfeld Mikrobenfeld Mikrobenfeld Mikrobenfeld
Mikrobenfeld Mikrobenfeld Mikrobenfeld Mikrobenfeld
Mikrobenfeld Mikrobenfeld Mikrobenfeld Mikrobenfeld
Mikrobenfeld Mikrobenfeld Mikrobenfeld Mikrobenfeld
Mikrobenfeld Mikrobenfeld Mikrobenfeld Mikrobenfeld
Mikrobenfeld Mikrobenfeld Mikrobenfeld Mikrobenfeld
Mikrobenfeld Mikrobenfeld Mikrobenfeld Mikrobenfeld
Mikrobenfeld Mikrobenfeld Mikrobenfeld Mikrobenfeld

Mikrobenfeld Mikrobenfeld Mikrobenfeld Mikrobenfeld
Mikrobenfeld Mikrobenfeld Mikrobenfeld Mikrobenfeld
Mikrobenfeld Mikrobenfeld Mikrobenfeld Mikrobenfeld
Mikrobenfeld Mikrobenfeld Mikrobenfeld Mikrobenfeld
Mikrobenfeld Mikrobenfeld Mikrobenfeld Mikrobenfeld
Mikrobenfeld Mikrobenfeld Mikrobenfeld
Mikrobenfeld Mikrobenfeld Mikrobenfeld
Mikrobenfeld Mikrobenfeld Mikrobenfeld Mikrobenfeld
Mikrobenfeld Mikrobenfeld Mikrobenfeld Mikrobenfeld
Mikrobenfeld Mikrobenfeld Mikrobenfeld Mikrobenfeld
Mikrobenfeld Mikrobenfeld Mikrobenfeld Mikrobenfeld
Mikrobenfeld Mikrobenfeld Mikrobenfeld Mikrobenfeld
Mikrobenfeld Mikrobenfeld Mikrobenfeld Mikrobenfeld
Mikrobenfeld Mikrobenfeld Mikrobenfeld Mikrobenfeld
Mikrobenfeld Mikrobenfeld Mikrobenfeld Mikrobenfeld
Mikrobenfeld Mikrobenfeld Mikrobenfeld Mikrobenfeld
Mikrobenfeld Mikrobenfeld Mikrobenfeld Mikrobenfeld
Mikrobenfeld Mikrobenfeld Mikrobenfeld Mikrobenfeld
Mikrobenfeld Mikrobenfeld Mikrobenfeld Mikrobenfeld
Mikrobenfeld Mikrobenfeld Mikrobenfeld Mikrobenfeld
Mikrobenfeld Mikrobenfeld Mikrobenfeld Mikrobenfeld
Mikrobenfeld Mikrobenfeld Mikrobenfeld Mikrobenfeld
Mikrobenfeld Mikrobenfeld Mikrobenfeld Mikrobenfeld
Mikrobenfeld Mikrobenfeld Mikrobenfeld Mikrobenfeld
Mikrobenfeld Mikrobenfeld Mikrobenfeld Mikrobenfeld
Mikrobenfeld Mikrobenfeld Mikrobenfeld Mikrobenfeld
Mikrobenfeld Mikrobenfeld Mikrobenfeld Mikrobenfeld
Mikrobenfeld Mikrobenfeld Mikrobenfeld
Mikrobenfeld Mikrobenfeld Mikrobenfeld
Mikrobenfeld Mikrobenfeld Mikrobenfeld Mikrobenfeld
Mikrobenfeld Mikrobenfeld Mikrobenfeld Mikrobenfeld
Mikrobenfeld Mikrobenfeld Mikrobenfeld Mikrobenfeld
Mikrobenfeld Mikrobenfeld Mikrobenfeld Mikrobenfeld
Mikrobenfeld Mikrobenfeld Mikrobenfeld Mikrobenfeld
Mikrobenfeld Mikrobenfeld Mikrobenfeld Mikrobenfeld
Mikrobenfeld Mikrobenfeld Mikrobenfeld Mikrobenfeld
Mikrobenfeld Mikrobenfeld Mikrobenfeld Mikrobenfeld
Mikrobenfeld Mikrobenfeld Mikrobenfeld Mikrobenfeld

Mikrobenfeld Mikrobenfeld Mikrobenfeld Mikrobenfeld
Mikrobenfeld Mikrobenfeld Mikrobenfeld Mikrobenfeld
Mikrobenfeld Mikrobenfeld Mikrobenfeld Mikrobenfeld
Mikrobenfeld Mikrobenfeld Mikrobenfeld Mikrobenfeld
Mikrobenfeld Mikrobenfeld Mikrobenfeld Mikrobenfeld
Mikrobenfeld Mikrobenfeld Mikrobenfeld Mikrobenfeld
Mikrobenfeld Mikrobenfeld Mikrobenfeld Mikrobenfeld
Mikrobenfeld Mikrobenfeld Mikrobenfeld Mikrobenfeld
Mikrobenfeld Mikrobenfeld Mikrobenfeld Mikrobenfeld
Mikrobenfeld Mikrobenfeld Mikrobenfeld Mikrobenfeld
Mikrobenfeld Mikrobenfeld Mikrobenfeld Mikrobenfeld
Mikrobenfeld Mikrobenfeld Mikrobenfeld
Mikrobenfeld Mikrobenfeld Mikrobenfeld
Mikrobenfeld Mikrobenfeld Mikrobenfeld Mikrobenfeld
Mikrobenfeld Mikrobenfeld Mikrobenfeld Mikrobenfeld
Mikrobenfeld Mikrobenfeld Mikrobenfeld Mikrobenfeld
Mikrobenfeld Mikrobenfeld Mikrobenfeld Mikrobenfeld
Mikrobenfeld Mikrobenfeld Mikrobenfeld Mikrobenfeld
Mikrobenfeld Mikrobenfeld Mikrobenfeld Mikrobenfeld
Mikrobenfeld Mikrobenfeld Mikrobenfeld Mikrobenfeld
Mikrobenfeld Mikrobenfeld Mikrobenfeld Mikrobenfeld
Mikrobenfeld Mikrobenfeld Mikrobenfeld Mikrobenfeld
Mikrobenfeld Mikrobenfeld Mikrobenfeld Mikrobenfeld
Mikrobenfeld Mikrobenfeld Mikrobenfeld Mikrobenfeld
Mikrobenfeld Mikrobenfeld Mikrobenfeld Mikrobenfeld
Mikrobenfeld Mikrobenfeld Mikrobenfeld Mikrobenfeld
Mikrobenfeld Mikrobenfeld Mikrobenfeld Mikrobenfeld
Mikrobenfeld Mikrobenfeld Mikrobenfeld Mikrobenfeld
Mikrobenfeld Mikrobenfeld Mikrobenfeld Mikrobenfeld
Mikrobenfeld Mikrobenfeld Mikrobenfeld Mikrobenfeld
Mikrobenfeld Mikrobenfeld Mikrobenfeld Mikrobenfeld
Mikrobenfeld Mikrobenfeld Mikrobenfeld Mikrobenfeld
Mikrobenfeld Mikrobenfeld Mikrobenfeld Mikrobenfeld
Mikrobenfeld Mikrobenfeld Mikrobenfeld
Mikrobenfeld Mikrobenfeld Mikrobenfeld
Mikrobenfeld Mikrobenfeld Mikrobenfeld Mikrobenfeld
Mikrobenfeld Mikrobenfeld Mikrobenfeld Mikrobenfeld
Mikrobenfeld Mikrobenfeld Mikrobenfeld Mikrobenfeld

Mikrobenfeld Mikrobenfeld Mikrobenfeld Mikrobenfeld
Mikrobenfeld Mikrobenfeld Mikrobenfeld Mikrobenfeld
Mikrobenfeld Mikrobenfeld Mikrobenfeld Mikrobenfeld
Mikrobenfeld Mikrobenfeld Mikrobenfeld Mikrobenfeld
Mikrobenfeld Mikrobenfeld Mikrobenfeld Mikrobenfeld
Mikrobenfeld Mikrobenfeld Mikrobenfeld Mikrobenfeld
Mikrobenfeld Mikrobenfeld Mikrobenfeld Mikrobenfeld
Mikrobenfeld Mikrobenfeld Mikrobenfeld Mikrobenfeld
Mikrobenfeld Mikrobenfeld Mikrobenfeld Mikrobenfeld
Mikrobenfeld Mikrobenfeld Mikrobenfeld Mikrobenfeld
Mikrobenfeld Mikrobenfeld Mikrobenfeld Mikrobenfeld
Mikrobenfeld Mikrobenfeld Mikrobenfeld Mikrobenfeld
Mikrobenfeld Mikrobenfeld Mikrobenfeld Mikrobenfeld
Mikrobenfeld Mikrobenfeld Mikrobenfeld Mikrobenfeld
Mikrobenfeld Mikrobenfeld Mikrobenfeld Mikrobenfeld
Mikrobenfeld Mikrobenfeld Mikrobenfeld Mikrobenfeld
Mikrobenfeld Mikrobenfeld Mikrobenfeld Mikrobenfeld
Mikrobenfeld Mikrobenfeld Mikrobenfeld
Mikrobenfeld Mikrobenfeld Mikrobenfeld
Mikrobenfeld Mikrobenfeld Mikrobenfeld Mikrobenfeld
Mikrobenfeld Mikrobenfeld Mikrobenfeld Mikrobenfeld
Mikrobenfeld Mikrobenfeld Mikrobenfeld Mikrobenfeld
Mikrobenfeld Mikrobenfeld Mikrobenfeld Mikrobenfeld
Mikrobenfeld Mikrobenfeld Mikrobenfeld Mikrobenfeld
Mikrobenfeld Mikrobenfeld Mikrobenfeld Mikrobenfeld
Mikrobenfeld Mikrobenfeld Mikrobenfeld Mikrobenfeld
Mikrobenfeld Mikrobenfeld Mikrobenfeld Mikrobenfeld
Mikrobenfeld Mikrobenfeld Mikrobenfeld Mikrobenfeld
Mikrobenfeld Mikrobenfeld Mikrobenfeld Mikrobenfeld
Mikrobenfeld Mikrobenfeld Mikrobenfeld Mikrobenfeld
Mikrobenfeld Mikrobenfeld Mikrobenfeld Mikrobenfeld
Mikrobenfeld Mikrobenfeld Mikrobenfeld Mikrobenfeld
Mikrobenfeld Mikrobenfeld Mikrobenfeld Mikrobenfeld
Mikrobenfeld Mikrobenfeld Mikrobenfeld Mikrobenfeld
Mikrobenfeld Mikrobenfeld Mikrobenfeld Mikrobenfeld
Mikrobenfeld Mikrobenfeld Mikrobenfeld Mikrobenfeld
Mikrobenfeld Mikrobenfeld Mikrobenfeld Mikrobenfeld
Mikrobenfeld Mikrobenfeld Mikrobenfeld Mikrobenfeld

Mikrobenfeld Mikrobenfeld Mikrobenfeld Mikrobenfeld
Mikrobenfeld Mikrobenfeld Mikrobenfeld
Mikrobenfeld Mikrobenfeld Mikrobenfeld
Mikrobenfeld Mikrobenfeld Mikrobenfeld Mikrobenfeld
Mikrobenfeld Mikrobenfeld Mikrobenfeld Mikrobenfeld
Mikrobenfeld Mikrobenfeld Mikrobenfeld Mikrobenfeld
Mikrobenfeld Mikrobenfeld Mikrobenfeld Mikrobenfeld
Mikrobenfeld Mikrobenfeld Mikrobenfeld Mikrobenfeld
Mikrobenfeld Mikrobenfeld Mikrobenfeld Mikrobenfeld
Mikrobenfeld Mikrobenfeld Mikrobenfeld Mikrobenfeld
Mikrobenfeld Mikrobenfeld Mikrobenfeld Mikrobenfeld
Mikrobenfeld Mikrobenfeld Mikrobenfeld Mikrobenfeld
Mikrobenfeld Mikrobenfeld Mikrobenfeld Mikrobenfeld
Mikrobenfeld Mikrobenfeld Mikrobenfeld Mikrobenfeld
Mikrobenfeld Mikrobenfeld Mikrobenfeld Mikrobenfeld
Mikrobenfeld Mikrobenfeld Mikrobenfeld Mikrobenfeld
Mikrobenfeld Mikrobenfeld Mikrobenfeld Mikrobenfeld
Mikrobenfeld Mikrobenfeld Mikrobenfeld Mikrobenfeld
Mikrobenfeld Mikrobenfeld Mikrobenfeld Mikrobenfeld
Mikrobenfeld Mikrobenfeld Mikrobenfeld Mikrobenfeld
Mikrobenfeld Mikrobenfeld Mikrobenfeld Mikrobenfeld
Mikrobenfeld Mikrobenfeld Mikrobenfeld Mikrobenfeld
Mikrobenfeld Mikrobenfeld Mikrobenfeld Mikrobenfeld
Mikrobenfeld Mikrobenfeld Mikrobenfeld
Mikrobenfeld Mikrobenfeld Mikrobenfeld
Mikrobenfeld Mikrobenfeld Mikrobenfeld Mikrobenfeld
Mikrobenfeld Mikrobenfeld Mikrobenfeld Mikrobenfeld
Mikrobenfeld Mikrobenfeld Mikrobenfeld Mikrobenfeld
Mikrobenfeld Mikrobenfeld Mikrobenfeld Mikrobenfeld
Mikrobenfeld Mikrobenfeld Mikrobenfeld Mikrobenfeld
Mikrobenfeld Mikrobenfeld Mikrobenfeld Mikrobenfeld
Mikrobenfeld Mikrobenfeld Mikrobenfeld Mikrobenfeld
Mikrobenfeld Mikrobenfeld Mikrobenfeld Mikrobenfeld
Mikrobenfeld Mikrobenfeld Mikrobenfeld Mikrobenfeld
Mikrobenfeld Mikrobenfeld Mikrobenfeld Mikrobenfeld
Mikrobenfeld Mikrobenfeld Mikrobenfeld Mikrobenfeld
Mikrobenfeld Mikrobenfeld Mikrobenfeld Mikrobenfeld
Mikrobenfeld Mikrobenfeld Mikrobenfeld Mikrobenfeld

Mikrobenfeld Mikrobenfeld Mikrobenfeld Mikrobenfeld
Mikrobenfeld Mikrobenfeld Mikrobenfeld Mikrobenfeld
Mikrobenfeld Mikrobenfeld Mikrobenfeld Mikrobenfeld
Mikrobenfeld Mikrobenfeld Mikrobenfeld Mikrobenfeld
Mikrobenfeld Mikrobenfeld Mikrobenfeld Mikrobenfeld
Mikrobenfeld Mikrobenfeld Mikrobenfeld Mikrobenfeld
Mikrobenfeld Mikrobenfeld Mikrobenfeld Mikrobenfeld
Mikrobenfeld Mikrobenfeld Mikrobenfeld
Mikrobenfeld Mikrobenfeld Mikrobenfeld
Mikrobenfeld Mikrobenfeld Mikrobenfeld Mikrobenfeld
Mikrobenfeld Mikrobenfeld Mikrobenfeld Mikrobenfeld
Mikrobenfeld Mikrobenfeld Mikrobenfeld Mikrobenfeld
Mikrobenfeld Mikrobenfeld Mikrobenfeld Mikrobenfeld
Mikrobenfeld Mikrobenfeld Mikrobenfeld Mikrobenfeld
Mikrobenfeld Mikrobenfeld Mikrobenfeld Mikrobenfeld
Mikrobenfeld Mikrobenfeld Mikrobenfeld Mikrobenfeld
Mikrobenfeld Mikrobenfeld Mikrobenfeld Mikrobenfeld
Mikrobenfeld Mikrobenfeld Mikrobenfeld Mikrobenfeld
Mikrobenfeld Mikrobenfeld Mikrobenfeld Mikrobenfeld
Mikrobenfeld Mikrobenfeld Mikrobenfeld Mikrobenfeld
Mikrobenfeld Mikrobenfeld Mikrobenfeld Mikrobenfeld
Mikrobenfeld Mikrobenfeld Mikrobenfeld Mikrobenfeld
Mikrobenfeld Mikrobenfeld Mikrobenfeld Mikrobenfeld
Mikrobenfeld Mikrobenfeld Mikrobenfeld Mikrobenfeld
Mikrobenfeld Mikrobenfeld Mikrobenfeld Mikrobenfeld
Mikrobenfeld Mikrobenfeld Mikrobenfeld Mikrobenfeld
Mikrobenfeld Mikrobenfeld Mikrobenfeld Mikrobenfeld
Mikrobenfeld Mikrobenfeld Mikrobenfeld Mikrobenfeld
Mikrobenfeld Mikrobenfeld Mikrobenfeld Mikrobenfeld
Mikrobenfeld Mikrobenfeld Mikrobenfeld
Mikrobenfeld Mikrobenfeld Mikrobenfeld
Mikrobenfeld Mikrobenfeld Mikrobenfeld Mikrobenfeld
Mikrobenfeld Mikrobenfeld Mikrobenfeld Mikrobenfeld
Mikrobenfeld Mikrobenfeld Mikrobenfeld Mikrobenfeld
Mikrobenfeld Mikrobenfeld Mikrobenfeld Mikrobenfeld
Mikrobenfeld Mikrobenfeld Mikrobenfeld Mikrobenfeld
Mikrobenfeld Mikrobenfeld Mikrobenfeld Mikrobenfeld
Mikrobenfeld Mikrobenfeld Mikrobenfeld Mikrobenfeld

Mikrobenfeld Mikrobenfeld Mikrobenfeld Mikrobenfeld
Mikrobenfeld Mikrobenfeld Mikrobenfeld Mikrobenfeld
Mikrobenfeld Mikrobenfeld Mikrobenfeld Mikrobenfeld
Mikrobenfeld Mikrobenfeld Mikrobenfeld Mikrobenfeld
Mikrobenfeld Mikrobenfeld Mikrobenfeld Mikrobenfeld
Mikrobenfeld Mikrobenfeld Mikrobenfeld Mikrobenfeld
Mikrobenfeld Mikrobenfeld Mikrobenfeld Mikrobenfeld
Mikrobenfeld Mikrobenfeld Mikrobenfeld Mikrobenfeld
Mikrobenfeld Mikrobenfeld Mikrobenfeld Mikrobenfeld
Mikrobenfeld Mikrobenfeld Mikrobenfeld Mikrobenfeld
Mikrobenfeld Mikrobenfeld Mikrobenfeld Mikrobenfeld
Mikrobenfeld Mikrobenfeld Mikrobenfeld Mikrobenfeld
Mikrobenfeld Mikrobenfeld Mikrobenfeld Mikrobenfeld
Mikrobenfeld Mikrobenfeld Mikrobenfeld
Mikrobenfeld Mikrobenfeld Mikrobenfeld
Mikrobenfeld Mikrobenfeld Mikrobenfeld Mikrobenfeld
Mikrobenfeld Mikrobenfeld Mikrobenfeld Mikrobenfeld
Mikrobenfeld Mikrobenfeld Mikrobenfeld Mikrobenfeld
Mikrobenfeld Mikrobenfeld Mikrobenfeld Mikrobenfeld
Mikrobenfeld Mikrobenfeld Mikrobenfeld Mikrobenfeld
Mikrobenfeld Mikrobenfeld Mikrobenfeld Mikrobenfeld
Mikrobenfeld Mikrobenfeld Mikrobenfeld Mikrobenfeld
Mikrobenfeld Mikrobenfeld Mikrobenfeld Mikrobenfeld
Mikrobenfeld Mikrobenfeld Mikrobenfeld Mikrobenfeld
Mikrobenfeld Mikrobenfeld Mikrobenfeld Mikrobenfeld
Mikrobenfeld Mikrobenfeld Mikrobenfeld Mikrobenfeld
Mikrobenfeld Mikrobenfeld Mikrobenfeld Mikrobenfeld
Mikrobenfeld Mikrobenfeld Mikrobenfeld Mikrobenfeld
Mikrobenfeld Mikrobenfeld Mikrobenfeld Mikrobenfeld
Mikrobenfeld Mikrobenfeld Mikrobenfeld Mikrobenfeld
Mikrobenfeld Mikrobenfeld Mikrobenfeld Mikrobenfeld
Mikrobenfeld Mikrobenfeld Mikrobenfeld Mikrobenfeld
Mikrobenfeld Mikrobenfeld Mikrobenfeld Mikrobenfeld
Mikrobenfeld Mikrobenfeld Mikrobenfeld Mikrobenfeld
Mikrobenfeld Mikrobenfeld Mikrobenfeld Mikrobenfeld
Mikrobenfeld Mikrobenfeld Mikrobenfeld
Mikrobenfeld Mikrobenfeld Mikrobenfeld
Mikrobenfeld Mikrobenfeld Mikrobenfeld Mikrobenfeld

Mikrobenfeld Mikrobenfeld Mikrobenfeld Mikrobenfeld
Mikrobenfeld Mikrobenfeld Mikrobenfeld Mikrobenfeld
Mikrobenfeld Mikrobenfeld Mikrobenfeld Mikrobenfeld
Mikrobenfeld Mikrobenfeld Mikrobenfeld Mikrobenfeld
Mikrobenfeld Mikrobenfeld Mikrobenfeld Mikrobenfeld
Mikrobenfeld Mikrobenfeld Mikrobenfeld Mikrobenfeld
Mikrobenfeld Mikrobenfeld Mikrobenfeld Mikrobenfeld
Mikrobenfeld Mikrobenfeld Mikrobenfeld Mikrobenfeld
Mikrobenfeld Mikrobenfeld Mikrobenfeld Mikrobenfeld
Mikrobenfeld Mikrobenfeld Mikrobenfeld Mikrobenfeld
Mikrobenfeld Mikrobenfeld Mikrobenfeld Mikrobenfeld
Mikrobenfeld Mikrobenfeld Mikrobenfeld Mikrobenfeld
Mikrobenfeld Mikrobenfeld Mikrobenfeld Mikrobenfeld
Mikrobenfeld Mikrobenfeld Mikrobenfeld Mikrobenfeld
Mikrobenfeld Mikrobenfeld Mikrobenfeld Mikrobenfeld
Mikrobenfeld Mikrobenfeld Mikrobenfeld Mikrobenfeld
Mikrobenfeld Mikrobenfeld Mikrobenfeld Mikrobenfeld
Mikrobenfeld Mikrobenfeld Mikrobenfeld Mikrobenfeld
Mikrobenfeld Mikrobenfeld Mikrobenfeld Mikrobenfeld
Mikrobenfeld Mikrobenfeld Mikrobenfeld
Mikrobenfeld Mikrobenfeld Mikrobenfeld
Mikrobenfeld Mikrobenfeld Mikrobenfeld Mikrobenfeld
Mikrobenfeld Mikrobenfeld Mikrobenfeld Mikrobenfeld
Mikrobenfeld Mikrobenfeld Mikrobenfeld Mikrobenfeld
Mikrobenfeld Mikrobenfeld Mikrobenfeld Mikrobenfeld
Mikrobenfeld Mikrobenfeld Mikrobenfeld Mikrobenfeld
Mikrobenfeld Mikrobenfeld Mikrobenfeld Mikrobenfeld
Mikrobenfeld Mikrobenfeld Mikrobenfeld Mikrobenfeld
Mikrobenfeld Mikrobenfeld Mikrobenfeld Mikrobenfeld
Mikrobenfeld Mikrobenfeld Mikrobenfeld Mikrobenfeld
Mikrobenfeld Mikrobenfeld Mikrobenfeld Mikrobenfeld
Mikrobenfeld Mikrobenfeld Mikrobenfeld Mikrobenfeld
Mikrobenfeld Mikrobenfeld Mikrobenfeld Mikrobenfeld
Mikrobenfeld Mikrobenfeld Mikrobenfeld Mikrobenfeld
Mikrobenfeld Mikrobenfeld Mikrobenfeld Mikrobenfeld
Mikrobenfeld Mikrobenfeld Mikrobenfeld Mikrobenfeld
Mikrobenfeld Mikrobenfeld Mikrobenfeld Mikrobenfeld
Mikrobenfeld Mikrobenfeld Mikrobenfeld Mikrobenfeld

Mikrobenfeld Mikrobenfeld Mikrobenfeld Mikrobenfeld
Mikrobenfeld Mikrobenfeld Mikrobenfeld Mikrobenfeld
Mikrobenfeld Mikrobenfeld Mikrobenfeld Mikrobenfeld
Mikrobenfeld Mikrobenfeld Mikrobenfeld
Mikrobenfeld Mikrobenfeld Mikrobenfeld
Mikrobenfeld Mikrobenfeld Mikrobenfeld Mikrobenfeld
Mikrobenfeld Mikrobenfeld Mikrobenfeld Mikrobenfeld
Mikrobenfeld Mikrobenfeld Mikrobenfeld Mikrobenfeld
Mikrobenfeld Mikrobenfeld Mikrobenfeld Mikrobenfeld
Mikrobenfeld Mikrobenfeld Mikrobenfeld Mikrobenfeld
Mikrobenfeld Mikrobenfeld Mikrobenfeld Mikrobenfeld
Mikrobenfeld Mikrobenfeld Mikrobenfeld Mikrobenfeld
Mikrobenfeld Mikrobenfeld Mikrobenfeld Mikrobenfeld
Mikrobenfeld Mikrobenfeld Mikrobenfeld Mikrobenfeld
Mikrobenfeld Mikrobenfeld Mikrobenfeld Mikrobenfeld
Mikrobenfeld Mikrobenfeld Mikrobenfeld Mikrobenfeld
Mikrobenfeld Mikrobenfeld Mikrobenfeld Mikrobenfeld
Mikrobenfeld Mikrobenfeld Mikrobenfeld Mikrobenfeld
Mikrobenfeld Mikrobenfeld Mikrobenfeld Mikrobenfeld
Mikrobenfeld Mikrobenfeld Mikrobenfeld Mikrobenfeld
Mikrobenfeld Mikrobenfeld Mikrobenfeld Mikrobenfeld
Mikrobenfeld Mikrobenfeld Mikrobenfeld Mikrobenfeld
Mikrobenfeld Mikrobenfeld Mikrobenfeld Mikrobenfeld
Mikrobenfeld Mikrobenfeld Mikrobenfeld Mikrobenfeld
Mikrobenfeld Mikrobenfeld Mikrobenfeld Mikrobenfeld
Mikrobenfeld Mikrobenfeld Mikrobenfeld
Mikrobenfeld Mikrobenfeld Mikrobenfeld
Mikrobenfeld Mikrobenfeld Mikrobenfeld Mikrobenfeld
Mikrobenfeld Mikrobenfeld Mikrobenfeld Mikrobenfeld
Mikrobenfeld Mikrobenfeld Mikrobenfeld Mikrobenfeld
Mikrobenfeld Mikrobenfeld Mikrobenfeld Mikrobenfeld
Mikrobenfeld Mikrobenfeld Mikrobenfeld Mikrobenfeld
Mikrobenfeld Mikrobenfeld Mikrobenfeld Mikrobenfeld
Mikrobenfeld Mikrobenfeld Mikrobenfeld Mikrobenfeld
Mikrobenfeld Mikrobenfeld Mikrobenfeld Mikrobenfeld
Mikrobenfeld Mikrobenfeld Mikrobenfeld Mikrobenfeld
Mikrobenfeld Mikrobenfeld Mikrobenfeld Mikrobenfeld
Mikrobenfeld Mikrobenfeld Mikrobenfeld Mikrobenfeld

Mikrobenfeld Mikrobenfeld Mikrobenfeld Mikrobenfeld
Mikrobenfeld Mikrobenfeld Mikrobenfeld Mikrobenfeld
Mikrobenfeld Mikrobenfeld Mikrobenfeld Mikrobenfeld
Mikrobenfeld Mikrobenfeld Mikrobenfeld Mikrobenfeld
Mikrobenfeld Mikrobenfeld Mikrobenfeld Mikrobenfeld
Mikrobenfeld Mikrobenfeld Mikrobenfeld Mikrobenfeld
Mikrobenfeld Mikrobenfeld Mikrobenfeld Mikrobenfeld
Mikrobenfeld Mikrobenfeld Mikrobenfeld Mikrobenfeld
Mikrobenfeld Mikrobenfeld Mikrobenfeld Mikrobenfeld
Mikrobenfeld Mikrobenfeld Mikrobenfeld
Mikrobenfeld Mikrobenfeld Mikrobenfeld
Mikrobenfeld Mikrobenfeld Mikrobenfeld Mikrobenfeld
Mikrobenfeld Mikrobenfeld Mikrobenfeld Mikrobenfeld
Mikrobenfeld Mikrobenfeld Mikrobenfeld Mikrobenfeld
Mikrobenfeld Mikrobenfeld Mikrobenfeld Mikrobenfeld
Mikrobenfeld Mikrobenfeld Mikrobenfeld Mikrobenfeld
Mikrobenfeld Mikrobenfeld Mikrobenfeld Mikrobenfeld
Mikrobenfeld Mikrobenfeld Mikrobenfeld Mikrobenfeld
Mikrobenfeld Mikrobenfeld Mikrobenfeld Mikrobenfeld
Mikrobenfeld Mikrobenfeld Mikrobenfeld Mikrobenfeld
Mikrobenfeld Mikrobenfeld Mikrobenfeld Mikrobenfeld
Mikrobenfeld Mikrobenfeld Mikrobenfeld Mikrobenfeld
Mikrobenfeld Mikrobenfeld Mikrobenfeld Mikrobenfeld
Mikrobenfeld Mikrobenfeld Mikrobenfeld Mikrobenfeld
Mikrobenfeld Mikrobenfeld Mikrobenfeld Mikrobenfeld
Mikrobenfeld Mikrobenfeld Mikrobenfeld Mikrobenfeld
Mikrobenfeld Mikrobenfeld Mikrobenfeld Mikrobenfeld
Mikrobenfeld Mikrobenfeld Mikrobenfeld Mikrobenfeld
Mikrobenfeld Mikrobenfeld Mikrobenfeld Mikrobenfeld
Mikrobenfeld Mikrobenfeld Mikrobenfeld Mikrobenfeld
Mikrobenfeld Mikrobenfeld Mikrobenfeld Mikrobenfeld
Mikrobenfeld Mikrobenfeld Mikrobenfeld
Mikrobenfeld Mikrobenfeld Mikrobenfeld
Mikrobenfeld Mikrobenfeld Mikrobenfeld Mikrobenfeld
Mikrobenfeld Mikrobenfeld Mikrobenfeld Mikrobenfeld
Mikrobenfeld Mikrobenfeld Mikrobenfeld Mikrobenfeld
Mikrobenfeld Mikrobenfeld Mikrobenfeld Mikrobenfeld
Mikrobenfeld Mikrobenfeld Mikrobenfeld Mikrobenfeld

Mikrobenfeld Mikrobenfeld Mikrobenfeld Mikrobenfeld
Mikrobenfeld Mikrobenfeld Mikrobenfeld Mikrobenfeld
Mikrobenfeld Mikrobenfeld Mikrobenfeld Mikrobenfeld
Mikrobenfeld Mikrobenfeld Mikrobenfeld Mikrobenfeld
Mikrobenfeld Mikrobenfeld Mikrobenfeld Mikrobenfeld
Mikrobenfeld Mikrobenfeld Mikrobenfeld Mikrobenfeld
Mikrobenfeld Mikrobenfeld Mikrobenfeld Mikrobenfeld
Mikrobenfeld Mikrobenfeld Mikrobenfeld Mikrobenfeld
Mikrobenfeld Mikrobenfeld Mikrobenfeld Mikrobenfeld
Mikrobenfeld Mikrobenfeld Mikrobenfeld Mikrobenfeld
Mikrobenfeld Mikrobenfeld Mikrobenfeld Mikrobenfeld
Mikrobenfeld Mikrobenfeld Mikrobenfeld Mikrobenfeld
Mikrobenfeld Mikrobenfeld Mikrobenfeld Mikrobenfeld
Mikrobenfeld Mikrobenfeld Mikrobenfeld Mikrobenfeld
Mikrobenfeld Mikrobenfeld Mikrobenfeld Mikrobenfeld
Mikrobenfeld Mikrobenfeld Mikrobenfeld
Mikrobenfeld Mikrobenfeld Mikrobenfeld
Mikrobenfeld Mikrobenfeld Mikrobenfeld Mikrobenfeld
Mikrobenfeld Mikrobenfeld Mikrobenfeld Mikrobenfeld
Mikrobenfeld Mikrobenfeld Mikrobenfeld Mikrobenfeld
Mikrobenfeld Mikrobenfeld Mikrobenfeld Mikrobenfeld
Mikrobenfeld Mikrobenfeld Mikrobenfeld Mikrobenfeld
Mikrobenfeld Mikrobenfeld Mikrobenfeld Mikrobenfeld
Mikrobenfeld Mikrobenfeld Mikrobenfeld Mikrobenfeld
Mikrobenfeld Mikrobenfeld Mikrobenfeld Mikrobenfeld
Mikrobenfeld Mikrobenfeld Mikrobenfeld Mikrobenfeld
Mikrobenfeld Mikrobenfeld Mikrobenfeld Mikrobenfeld
Mikrobenfeld Mikrobenfeld Mikrobenfeld Mikrobenfeld
Mikrobenfeld Mikrobenfeld Mikrobenfeld Mikrobenfeld
Mikrobenfeld Mikrobenfeld Mikrobenfeld Mikrobenfeld
Mikrobenfeld Mikrobenfeld Mikrobenfeld Mikrobenfeld
Mikrobenfeld Mikrobenfeld Mikrobenfeld Mikrobenfeld
Mikrobenfeld Mikrobenfeld Mikrobenfeld Mikrobenfeld
Mikrobenfeld Mikrobenfeld Mikrobenfeld Mikrobenfeld
Mikrobenfeld Mikrobenfeld Mikrobenfeld Mikrobenfeld
Mikrobenfeld Mikrobenfeld Mikrobenfeld Mikrobenfeld
Mikrobenfeld Mikrobenfeld Mikrobenfeld

Mikrobenfeld Mikrobenfeld Mikrobenfeld
Mikrobenfeld Mikrobenfeld Mikrobenfeld Mikrobenfeld
Mikrobenfeld Mikrobenfeld Mikrobenfeld Mikrobenfeld
Mikrobenfeld Mikrobenfeld Mikrobenfeld Mikrobenfeld
Mikrobenfeld Mikrobenfeld Mikrobenfeld Mikrobenfeld
Mikrobenfeld Mikrobenfeld Mikrobenfeld Mikrobenfeld
Mikrobenfeld Mikrobenfeld Mikrobenfeld Mikrobenfeld
Mikrobenfeld Mikrobenfeld Mikrobenfeld Mikrobenfeld
Mikrobenfeld Mikrobenfeld Mikrobenfeld Mikrobenfeld
Mikrobenfeld Mikrobenfeld Mikrobenfeld Mikrobenfeld
Mikrobenfeld Mikrobenfeld Mikrobenfeld Mikrobenfeld
Mikrobenfeld Mikrobenfeld Mikrobenfeld Mikrobenfeld
Mikrobenfeld Mikrobenfeld Mikrobenfeld Mikrobenfeld
Mikrobenfeld Mikrobenfeld Mikrobenfeld Mikrobenfeld
Mikrobenfeld Mikrobenfeld Mikrobenfeld Mikrobenfeld
Mikrobenfeld Mikrobenfeld Mikrobenfeld Mikrobenfeld
Mikrobenfeld Mikrobenfeld Mikrobenfeld Mikrobenfeld
Mikrobenfeld Mikrobenfeld Mikrobenfeld Mikrobenfeld
Mikrobenfeld Mikrobenfeld Mikrobenfeld Mikrobenfeld
Mikrobenfeld Mikrobenfeld Mikrobenfeld Mikrobenfeld
Mikrobenfeld Mikrobenfeld Mikrobenfeld Mikrobenfeld
Mikrobenfeld Mikrobenfeld Mikrobenfeld
Mikrobenfeld Mikrobenfeld Mikrobenfeld
Mikrobenfeld Mikrobenfeld Mikrobenfeld Mikrobenfeld
Mikrobenfeld Mikrobenfeld Mikrobenfeld Mikrobenfeld
Mikrobenfeld Mikrobenfeld Mikrobenfeld Mikrobenfeld
Mikrobenfeld Mikrobenfeld Mikrobenfeld Mikrobenfeld
Mikrobenfeld Mikrobenfeld Mikrobenfeld Mikrobenfeld
Mikrobenfeld Mikrobenfeld Mikrobenfeld Mikrobenfeld
Mikrobenfeld Mikrobenfeld Mikrobenfeld Mikrobenfeld
Mikrobenfeld Mikrobenfeld Mikrobenfeld Mikrobenfeld
Mikrobenfeld Mikrobenfeld Mikrobenfeld Mikrobenfeld
Mikrobenfeld Mikrobenfeld Mikrobenfeld Mikrobenfeld
Mikrobenfeld Mikrobenfeld Mikrobenfeld Mikrobenfeld
Mikrobenfeld Mikrobenfeld Mikrobenfeld Mikrobenfeld
Mikrobenfeld Mikrobenfeld Mikrobenfeld Mikrobenfeld
Mikrobenfeld Mikrobenfeld Mikrobenfeld Mikrobenfeld
Mikrobenfeld Mikrobenfeld Mikrobenfeld Mikrobenfeld

Mikrobenfeld Mikrobenfeld Mikrobenfeld Mikrobenfeld
Mikrobenfeld Mikrobenfeld Mikrobenfeld Mikrobenfeld
Mikrobenfeld Mikrobenfeld Mikrobenfeld Mikrobenfeld
Mikrobenfeld Mikrobenfeld Mikrobenfeld Mikrobenfeld
Mikrobenfeld Mikrobenfeld Mikrobenfeld Mikrobenfeld
Mikrobenfeld Mikrobenfeld Mikrobenfeld
Mikrobenfeld Mikrobenfeld Mikrobenfeld
Mikrobenfeld Mikrobenfeld Mikrobenfeld Mikrobenfeld
Mikrobenfeld Mikrobenfeld Mikrobenfeld Mikrobenfeld
Mikrobenfeld Mikrobenfeld Mikrobenfeld Mikrobenfeld
Mikrobenfeld Mikrobenfeld Mikrobenfeld Mikrobenfeld
Mikrobenfeld Mikrobenfeld Mikrobenfeld Mikrobenfeld
Mikrobenfeld Mikrobenfeld Mikrobenfeld Mikrobenfeld
Mikrobenfeld Mikrobenfeld Mikrobenfeld Mikrobenfeld
Mikrobenfeld Mikrobenfeld Mikrobenfeld Mikrobenfeld
Mikrobenfeld Mikrobenfeld Mikrobenfeld Mikrobenfeld
Mikrobenfeld Mikrobenfeld Mikrobenfeld Mikrobenfeld
Mikrobenfeld Mikrobenfeld Mikrobenfeld Mikrobenfeld
Mikrobenfeld Mikrobenfeld Mikrobenfeld Mikrobenfeld
Mikrobenfeld Mikrobenfeld Mikrobenfeld Mikrobenfeld
Mikrobenfeld Mikrobenfeld Mikrobenfeld Mikrobenfeld
Mikrobenfeld Mikrobenfeld Mikrobenfeld Mikrobenfeld
Mikrobenfeld Mikrobenfeld Mikrobenfeld Mikrobenfeld
Mikrobenfeld Mikrobenfeld Mikrobenfeld Mikrobenfeld
Mikrobenfeld Mikrobenfeld Mikrobenfeld Mikrobenfeld
Mikrobenfeld Mikrobenfeld Mikrobenfeld Mikrobenfeld
Mikrobenfeld Mikrobenfeld Mikrobenfeld Mikrobenfeld
Mikrobenfeld Mikrobenfeld Mikrobenfeld
Mikrobenfeld Mikrobenfeld Mikrobenfeld
Mikrobenfeld Mikrobenfeld Mikrobenfeld Mikrobenfeld
Mikrobenfeld Mikrobenfeld Mikrobenfeld Mikrobenfeld
Mikrobenfeld Mikrobenfeld Mikrobenfeld Mikrobenfeld
Mikrobenfeld Mikrobenfeld Mikrobenfeld Mikrobenfeld
Mikrobenfeld Mikrobenfeld Mikrobenfeld Mikrobenfeld
Mikrobenfeld Mikrobenfeld Mikrobenfeld Mikrobenfeld
Mikrobenfeld Mikrobenfeld Mikrobenfeld Mikrobenfeld
Mikrobenfeld Mikrobenfeld Mikrobenfeld Mikrobenfeld

Mikrobenfeld Mikrobenfeld Mikrobenfeld Mikrobenfeld
Mikrobenfeld Mikrobenfeld Mikrobenfeld Mikrobenfeld
Mikrobenfeld Mikrobenfeld Mikrobenfeld Mikrobenfeld
Mikrobenfeld Mikrobenfeld Mikrobenfeld Mikrobenfeld
Mikrobenfeld Mikrobenfeld Mikrobenfeld Mikrobenfeld
Mikrobenfeld Mikrobenfeld Mikrobenfeld Mikrobenfeld
Mikrobenfeld Mikrobenfeld Mikrobenfeld Mikrobenfeld
Mikrobenfeld Mikrobenfeld Mikrobenfeld Mikrobenfeld
Mikrobenfeld Mikrobenfeld Mikrobenfeld Mikrobenfeld
Mikrobenfeld Mikrobenfeld Mikrobenfeld Mikrobenfeld
Mikrobenfeld Mikrobenfeld Mikrobenfeld Mikrobenfeld
Mikrobenfeld Mikrobenfeld Mikrobenfeld
Mikrobenfeld Mikrobenfeld Mikrobenfeld
Mikrobenfeld Mikrobenfeld Mikrobenfeld Mikrobenfeld
Mikrobenfeld Mikrobenfeld Mikrobenfeld Mikrobenfeld
Mikrobenfeld Mikrobenfeld Mikrobenfeld Mikrobenfeld
Mikrobenfeld Mikrobenfeld Mikrobenfeld Mikrobenfeld
Mikrobenfeld Mikrobenfeld Mikrobenfeld Mikrobenfeld
Mikrobenfeld Mikrobenfeld Mikrobenfeld Mikrobenfeld
Mikrobenfeld Mikrobenfeld Mikrobenfeld Mikrobenfeld
Mikrobenfeld Mikrobenfeld Mikrobenfeld Mikrobenfeld
Mikrobenfeld Mikrobenfeld Mikrobenfeld Mikrobenfeld
Mikrobenfeld Mikrobenfeld Mikrobenfeld Mikrobenfeld
Mikrobenfeld Mikrobenfeld Mikrobenfeld Mikrobenfeld
Mikrobenfeld Mikrobenfeld Mikrobenfeld Mikrobenfeld
Mikrobenfeld Mikrobenfeld Mikrobenfeld Mikrobenfeld
Mikrobenfeld Mikrobenfeld Mikrobenfeld Mikrobenfeld
Mikrobenfeld Mikrobenfeld Mikrobenfeld Mikrobenfeld
Mikrobenfeld Mikrobenfeld Mikrobenfeld Mikrobenfeld
Mikrobenfeld Mikrobenfeld Mikrobenfeld Mikrobenfeld
Mikrobenfeld Mikrobenfeld Mikrobenfeld Mikrobenfeld
Mikrobenfeld Mikrobenfeld Mikrobenfeld Mikrobenfeld
Mikrobenfeld Mikrobenfeld Mikrobenfeld Mikrobenfeld
Mikrobenfeld Mikrobenfeld Mikrobenfeld
Mikrobenfeld Mikrobenfeld Mikrobenfeld
Mikrobenfeld Mikrobenfeld Mikrobenfeld Mikrobenfeld
Mikrobenfeld Mikrobenfeld Mikrobenfeld Mikrobenfeld
Mikrobenfeld Mikrobenfeld Mikrobenfeld Mikrobenfeld

Mikrobenfeld Mikrobenfeld Mikrobenfeld Mikrobenfeld
Mikrobenfeld Mikrobenfeld Mikrobenfeld Mikrobenfeld
Mikrobenfeld Mikrobenfeld Mikrobenfeld Mikrobenfeld
Mikrobenfeld Mikrobenfeld Mikrobenfeld Mikrobenfeld
Mikrobenfeld Mikrobenfeld Mikrobenfeld Mikrobenfeld
Mikrobenfeld Mikrobenfeld Mikrobenfeld Mikrobenfeld
Mikrobenfeld Mikrobenfeld Mikrobenfeld Mikrobenfeld
Mikrobenfeld Mikrobenfeld Mikrobenfeld Mikrobenfeld
Mikrobenfeld Mikrobenfeld Mikrobenfeld Mikrobenfeld
Mikrobenfeld Mikrobenfeld Mikrobenfeld Mikrobenfeld
Mikrobenfeld Mikrobenfeld Mikrobenfeld Mikrobenfeld
Mikrobenfeld Mikrobenfeld Mikrobenfeld Mikrobenfeld
Mikrobenfeld Mikrobenfeld Mikrobenfeld Mikrobenfeld
Mikrobenfeld Mikrobenfeld Mikrobenfeld Mikrobenfeld
Mikrobenfeld Mikrobenfeld Mikrobenfeld Mikrobenfeld
Mikrobenfeld Mikrobenfeld Mikrobenfeld Mikrobenfeld
Mikrobenfeld Mikrobenfeld Mikrobenfeld Mikrobenfeld
Mikrobenfeld Mikrobenfeld Mikrobenfeld Mikrobenfeld
Mikrobenfeld Mikrobenfeld Mikrobenfeld Mikrobenfeld
Mikrobenfeld Mikrobenfeld Mikrobenfeld Mikrobenfeld
Mikrobenfeld Mikrobenfeld Mikrobenfeld
Mikrobenfeld Mikrobenfeld Mikrobenfeld
Mikrobenfeld Mikrobenfeld Mikrobenfeld Mikrobenfeld
Mikrobenfeld Mikrobenfeld Mikrobenfeld Mikrobenfeld
Mikrobenfeld Mikrobenfeld Mikrobenfeld Mikrobenfeld
Mikrobenfeld Mikrobenfeld Mikrobenfeld Mikrobenfeld
Mikrobenfeld Mikrobenfeld Mikrobenfeld Mikrobenfeld
Mikrobenfeld Mikrobenfeld Mikrobenfeld Mikrobenfeld
Mikrobenfeld Mikrobenfeld Mikrobenfeld Mikrobenfeld
Mikrobenfeld Mikrobenfeld Mikrobenfeld Mikrobenfeld
Mikrobenfeld Mikrobenfeld Mikrobenfeld Mikrobenfeld
Mikrobenfeld Mikrobenfeld Mikrobenfeld Mikrobenfeld
Mikrobenfeld Mikrobenfeld Mikrobenfeld Mikrobenfeld
Mikrobenfeld Mikrobenfeld Mikrobenfeld Mikrobenfeld
Mikrobenfeld Mikrobenfeld Mikrobenfeld Mikrobenfeld
Mikrobenfeld Mikrobenfeld Mikrobenfeld Mikrobenfeld
Mikrobenfeld Mikrobenfeld Mikrobenfeld Mikrobenfeld
Mikrobenfeld Mikrobenfeld Mikrobenfeld Mikrobenfeld
Mikrobenfeld Mikrobenfeld Mikrobenfeld Mikrobenfeld

Mikrobenfeld Mikrobenfeld Mikrobenfeld Mikrobenfeld
Mikrobenfeld Mikrobenfeld Mikrobenfeld Mikrobenfeld
Mikrobenfeld Mikrobenfeld Mikrobenfeld Mikrobenfeld
Mikrobenfeld Mikrobenfeld Mikrobenfeld Mikrobenfeld
Mikrobenfeld Mikrobenfeld Mikrobenfeld
Mikrobenfeld Mikrobenfeld Mikrobenfeld
Mikrobenfeld Mikrobenfeld Mikrobenfeld Mikrobenfeld
Mikrobenfeld Mikrobenfeld Mikrobenfeld Mikrobenfeld
Mikrobenfeld Mikrobenfeld Mikrobenfeld Mikrobenfeld
Mikrobenfeld Mikrobenfeld Mikrobenfeld Mikrobenfeld
Mikrobenfeld Mikrobenfeld Mikrobenfeld Mikrobenfeld
Mikrobenfeld Mikrobenfeld Mikrobenfeld Mikrobenfeld
Mikrobenfeld Mikrobenfeld Mikrobenfeld Mikrobenfeld
Mikrobenfeld Mikrobenfeld Mikrobenfeld Mikrobenfeld
Mikrobenfeld Mikrobenfeld Mikrobenfeld Mikrobenfeld
Mikrobenfeld Mikrobenfeld Mikrobenfeld Mikrobenfeld
Mikrobenfeld Mikrobenfeld Mikrobenfeld Mikrobenfeld
Mikrobenfeld Mikrobenfeld Mikrobenfeld Mikrobenfeld
Mikrobenfeld Mikrobenfeld Mikrobenfeld Mikrobenfeld
Mikrobenfeld Mikrobenfeld Mikrobenfeld Mikrobenfeld
Mikrobenfeld Mikrobenfeld Mikrobenfeld Mikrobenfeld
Mikrobenfeld Mikrobenfeld Mikrobenfeld Mikrobenfeld
Mikrobenfeld Mikrobenfeld Mikrobenfeld Mikrobenfeld
Mikrobenfeld Mikrobenfeld Mikrobenfeld Mikrobenfeld
Mikrobenfeld Mikrobenfeld Mikrobenfeld Mikrobenfeld
Mikrobenfeld Mikrobenfeld Mikrobenfeld Mikrobenfeld
Mikrobenfeld Mikrobenfeld Mikrobenfeld
Mikrobenfeld Mikrobenfeld Mikrobenfeld
Mikrobenfeld Mikrobenfeld Mikrobenfeld Mikrobenfeld
Mikrobenfeld Mikrobenfeld Mikrobenfeld Mikrobenfeld
Mikrobenfeld Mikrobenfeld Mikrobenfeld Mikrobenfeld
Mikrobenfeld Mikrobenfeld Mikrobenfeld Mikrobenfeld
Mikrobenfeld Mikrobenfeld Mikrobenfeld Mikrobenfeld
Mikrobenfeld Mikrobenfeld Mikrobenfeld Mikrobenfeld
Mikrobenfeld Mikrobenfeld Mikrobenfeld Mikrobenfeld
Mikrobenfeld Mikrobenfeld Mikrobenfeld Mikrobenfeld
Mikrobenfeld Mikrobenfeld Mikrobenfeld Mikrobenfeld
Mikrobenfeld Mikrobenfeld Mikrobenfeld Mikrobenfeld
Mikrobenfeld Mikrobenfeld Mikrobenfeld Mikrobenfeld

Mikrobenfeld Mikrobenfeld Mikrobenfeld Mikrobenfeld
Mikrobenfeld Mikrobenfeld Mikrobenfeld Mikrobenfeld
Mikrobenfeld Mikrobenfeld Mikrobenfeld Mikrobenfeld
Mikrobenfeld Mikrobenfeld Mikrobenfeld Mikrobenfeld
Mikrobenfeld Mikrobenfeld Mikrobenfeld Mikrobenfeld
Mikrobenfeld Mikrobenfeld Mikrobenfeld Mikrobenfeld
Mikrobenfeld Mikrobenfeld Mikrobenfeld Mikrobenfeld
Mikrobenfeld Mikrobenfeld Mikrobenfeld Mikrobenfeld
Mikrobenfeld Mikrobenfeld Mikrobenfeld Mikrobenfeld
Mikrobenfeld Mikrobenfeld Mikrobenfeld Mikrobenfeld
Mikrobenfeld Mikrobenfeld Mikrobenfeld
Mikrobenfeld Mikrobenfeld Mikrobenfeld
Mikrobenfeld Mikrobenfeld Mikrobenfeld Mikrobenfeld
Mikrobenfeld Mikrobenfeld Mikrobenfeld Mikrobenfeld
Mikrobenfeld Mikrobenfeld Mikrobenfeld Mikrobenfeld
Mikrobenfeld Mikrobenfeld Mikrobenfeld Mikrobenfeld
Mikrobenfeld Mikrobenfeld Mikrobenfeld Mikrobenfeld
Mikrobenfeld Mikrobenfeld Mikrobenfeld Mikrobenfeld
Mikrobenfeld Mikrobenfeld Mikrobenfeld Mikrobenfeld
Mikrobenfeld Mikrobenfeld Mikrobenfeld Mikrobenfeld
Mikrobenfeld Mikrobenfeld Mikrobenfeld Mikrobenfeld
Mikrobenfeld Mikrobenfeld Mikrobenfeld Mikrobenfeld
Mikrobenfeld Mikrobenfeld Mikrobenfeld Mikrobenfeld
Mikrobenfeld Mikrobenfeld Mikrobenfeld Mikrobenfeld
Mikrobenfeld Mikrobenfeld Mikrobenfeld Mikrobenfeld
Mikrobenfeld Mikrobenfeld Mikrobenfeld Mikrobenfeld
Mikrobenfeld Mikrobenfeld Mikrobenfeld Mikrobenfeld
Mikrobenfeld Mikrobenfeld Mikrobenfeld Mikrobenfeld
Mikrobenfeld Mikrobenfeld Mikrobenfeld Mikrobenfeld
Mikrobenfeld Mikrobenfeld Mikrobenfeld Mikrobenfeld
Mikrobenfeld Mikrobenfeld Mikrobenfeld Mikrobenfeld
Mikrobenfeld Mikrobenfeld Mikrobenfeld Mikrobenfeld
Mikrobenfeld Mikrobenfeld Mikrobenfeld
Mikrobenfeld Mikrobenfeld Mikrobenfeld
Mikrobenfeld Mikrobenfeld Mikrobenfeld Mikrobenfeld
Mikrobenfeld Mikrobenfeld Mikrobenfeld Mikrobenfeld
Mikrobenfeld Mikrobenfeld Mikrobenfeld Mikrobenfeld
Mikrobenfeld Mikrobenfeld Mikrobenfeld Mikrobenfeld

Mikrobenfeld Mikrobenfeld Mikrobenfeld Mikrobenfeld
Mikrobenfeld Mikrobenfeld Mikrobenfeld Mikrobenfeld
Mikrobenfeld Mikrobenfeld Mikrobenfeld Mikrobenfeld
Mikrobenfeld Mikrobenfeld Mikrobenfeld Mikrobenfeld
Mikrobenfeld Mikrobenfeld Mikrobenfeld Mikrobenfeld
Mikrobenfeld Mikrobenfeld Mikrobenfeld Mikrobenfeld
Mikrobenfeld Mikrobenfeld Mikrobenfeld Mikrobenfeld
Mikrobenfeld Mikrobenfeld Mikrobenfeld Mikrobenfeld
Mikrobenfeld Mikrobenfeld Mikrobenfeld Mikrobenfeld
Mikrobenfeld Mikrobenfeld Mikrobenfeld Mikrobenfeld
Mikrobenfeld Mikrobenfeld Mikrobenfeld Mikrobenfeld
Mikrobenfeld Mikrobenfeld Mikrobenfeld Mikrobenfeld
Mikrobenfeld Mikrobenfeld Mikrobenfeld Mikrobenfeld
Mikrobenfeld Mikrobenfeld Mikrobenfeld Mikrobenfeld
Mikrobenfeld Mikrobenfeld Mikrobenfeld Mikrobenfeld
Mikrobenfeld Mikrobenfeld Mikrobenfeld Mikrobenfeld
Mikrobenfeld Mikrobenfeld Mikrobenfeld
Mikrobenfeld Mikrobenfeld Mikrobenfeld
Mikrobenfeld Mikrobenfeld Mikrobenfeld Mikrobenfeld
Mikrobenfeld Mikrobenfeld Mikrobenfeld Mikrobenfeld
Mikrobenfeld Mikrobenfeld Mikrobenfeld Mikrobenfeld
Mikrobenfeld Mikrobenfeld Mikrobenfeld Mikrobenfeld
Mikrobenfeld Mikrobenfeld Mikrobenfeld Mikrobenfeld
Mikrobenfeld Mikrobenfeld Mikrobenfeld Mikrobenfeld
Mikrobenfeld Mikrobenfeld Mikrobenfeld Mikrobenfeld
Mikrobenfeld Mikrobenfeld Mikrobenfeld Mikrobenfeld
Mikrobenfeld Mikrobenfeld Mikrobenfeld Mikrobenfeld
Mikrobenfeld Mikrobenfeld Mikrobenfeld Mikrobenfeld
Mikrobenfeld Mikrobenfeld Mikrobenfeld Mikrobenfeld
Mikrobenfeld Mikrobenfeld Mikrobenfeld Mikrobenfeld
Mikrobenfeld Mikrobenfeld Mikrobenfeld Mikrobenfeld
Mikrobenfeld Mikrobenfeld Mikrobenfeld Mikrobenfeld
Mikrobenfeld Mikrobenfeld Mikrobenfeld Mikrobenfeld
Mikrobenfeld Mikrobenfeld Mikrobenfeld Mikrobenfeld
Mikrobenfeld Mikrobenfeld Mikrobenfeld Mikrobenfeld
Mikrobenfeld Mikrobenfeld Mikrobenfeld Mikrobenfeld
Mikrobenfeld Mikrobenfeld Mikrobenfeld Mikrobenfeld
Mikrobenfeld Mikrobenfeld Mikrobenfeld Mikrobenfeld

Mikrobenfeld Mikrobenfeld Mikrobenfeld
Mikrobenfeld Mikrobenfeld Mikrobenfeld
Mikrobenfeld Mikrobenfeld Mikrobenfeld Mikrobenfeld
Mikrobenfeld Mikrobenfeld Mikrobenfeld Mikrobenfeld
Mikrobenfeld Mikrobenfeld Mikrobenfeld Mikrobenfeld
Mikrobenfeld Mikrobenfeld Mikrobenfeld Mikrobenfeld
Mikrobenfeld Mikrobenfeld Mikrobenfeld Mikrobenfeld
Mikrobenfeld Mikrobenfeld Mikrobenfeld Mikrobenfeld
Mikrobenfeld Mikrobenfeld Mikrobenfeld Mikrobenfeld
Mikrobenfeld Mikrobenfeld Mikrobenfeld Mikrobenfeld
Mikrobenfeld Mikrobenfeld Mikrobenfeld Mikrobenfeld
Mikrobenfeld Mikrobenfeld Mikrobenfeld Mikrobenfeld
Mikrobenfeld Mikrobenfeld Mikrobenfeld Mikrobenfeld
Mikrobenfeld Mikrobenfeld Mikrobenfeld Mikrobenfeld
Mikrobenfeld Mikrobenfeld Mikrobenfeld Mikrobenfeld
Mikrobenfeld Mikrobenfeld Mikrobenfeld Mikrobenfeld
Mikrobenfeld Mikrobenfeld Mikrobenfeld Mikrobenfeld
Mikrobenfeld Mikrobenfeld Mikrobenfeld Mikrobenfeld
Mikrobenfeld Mikrobenfeld Mikrobenfeld Mikrobenfeld
Mikrobenfeld Mikrobenfeld Mikrobenfeld Mikrobenfeld
Mikrobenfeld Mikrobenfeld Mikrobenfeld Mikrobenfeld
Mikrobenfeld Mikrobenfeld Mikrobenfeld Mikrobenfeld
Mikrobenfeld Mikrobenfeld Mikrobenfeld
Mikrobenfeld Mikrobenfeld Mikrobenfeld
Mikrobenfeld Mikrobenfeld Mikrobenfeld Mikrobenfeld
Mikrobenfeld Mikrobenfeld Mikrobenfeld Mikrobenfeld
Mikrobenfeld Mikrobenfeld Mikrobenfeld Mikrobenfeld
Mikrobenfeld Mikrobenfeld Mikrobenfeld Mikrobenfeld
Mikrobenfeld Mikrobenfeld Mikrobenfeld Mikrobenfeld
Mikrobenfeld Mikrobenfeld Mikrobenfeld Mikrobenfeld
Mikrobenfeld Mikrobenfeld Mikrobenfeld Mikrobenfeld
Mikrobenfeld Mikrobenfeld Mikrobenfeld Mikrobenfeld
Mikrobenfeld Mikrobenfeld Mikrobenfeld Mikrobenfeld
Mikrobenfeld Mikrobenfeld Mikrobenfeld Mikrobenfeld
Mikrobenfeld Mikrobenfeld Mikrobenfeld Mikrobenfeld
Mikrobenfeld Mikrobenfeld Mikrobenfeld Mikrobenfeld
Mikrobenfeld Mikrobenfeld Mikrobenfeld Mikrobenfeld
Mikrobenfeld Mikrobenfeld Mikrobenfeld Mikrobenfeld
Mikrobenfeld Mikrobenfeld Mikrobenfeld Mikrobenfeld
Mikrobenfeld Mikrobenfeld Mikrobenfeld Mikrobenfeld

Mikrobenfeld Mikrobenfeld Mikrobenfeld Mikrobenfeld
Mikrobenfeld Mikrobenfeld Mikrobenfeld Mikrobenfeld
Mikrobenfeld Mikrobenfeld Mikrobenfeld Mikrobenfeld
Mikrobenfeld Mikrobenfeld Mikrobenfeld Mikrobenfeld
Mikrobenfeld Mikrobenfeld Mikrobenfeld Mikrobenfeld
Mikrobenfeld Mikrobenfeld Mikrobenfeld Mikrobenfeld
Mikrobenfeld Mikrobenfeld Mikrobenfeld
Mikrobenfeld Mikrobenfeld Mikrobenfeld
Mikrobenfeld Mikrobenfeld Mikrobenfeld Mikrobenfeld
Mikrobenfeld Mikrobenfeld Mikrobenfeld Mikrobenfeld
Mikrobenfeld Mikrobenfeld Mikrobenfeld Mikrobenfeld
Mikrobenfeld Mikrobenfeld Mikrobenfeld Mikrobenfeld
Mikrobenfeld Mikrobenfeld Mikrobenfeld Mikrobenfeld
Mikrobenfeld Mikrobenfeld Mikrobenfeld Mikrobenfeld
Mikrobenfeld Mikrobenfeld Mikrobenfeld Mikrobenfeld
Mikrobenfeld Mikrobenfeld Mikrobenfeld Mikrobenfeld
Mikrobenfeld Mikrobenfeld Mikrobenfeld Mikrobenfeld
Mikrobenfeld Mikrobenfeld Mikrobenfeld Mikrobenfeld
Mikrobenfeld Mikrobenfeld Mikrobenfeld Mikrobenfeld
Mikrobenfeld Mikrobenfeld Mikrobenfeld Mikrobenfeld
Mikrobenfeld Mikrobenfeld Mikrobenfeld Mikrobenfeld
Mikrobenfeld Mikrobenfeld Mikrobenfeld Mikrobenfeld
Mikrobenfeld Mikrobenfeld Mikrobenfeld Mikrobenfeld
Mikrobenfeld Mikrobenfeld Mikrobenfeld Mikrobenfeld
Mikrobenfeld Mikrobenfeld Mikrobenfeld Mikrobenfeld
Mikrobenfeld Mikrobenfeld Mikrobenfeld Mikrobenfeld
Mikrobenfeld Mikrobenfeld Mikrobenfeld Mikrobenfeld
Mikrobenfeld Mikrobenfeld Mikrobenfeld
Mikrobenfeld Mikrobenfeld Mikrobenfeld
Mikrobenfeld Mikrobenfeld Mikrobenfeld Mikrobenfeld
Mikrobenfeld Mikrobenfeld Mikrobenfeld Mikrobenfeld
Mikrobenfeld Mikrobenfeld Mikrobenfeld Mikrobenfeld
Mikrobenfeld Mikrobenfeld Mikrobenfeld Mikrobenfeld
Mikrobenfeld Mikrobenfeld Mikrobenfeld Mikrobenfeld
Mikrobenfeld Mikrobenfeld Mikrobenfeld Mikrobenfeld
Mikrobenfeld Mikrobenfeld Mikrobenfeld Mikrobenfeld
Mikrobenfeld Mikrobenfeld Mikrobenfeld Mikrobenfeld

Mikrobenfeld Mikrobenfeld Mikrobenfeld Mikrobenfeld
Mikrobenfeld Mikrobenfeld Mikrobenfeld Mikrobenfeld
Mikrobenfeld Mikrobenfeld Mikrobenfeld Mikrobenfeld
Mikrobenfeld Mikrobenfeld Mikrobenfeld Mikrobenfeld
Mikrobenfeld Mikrobenfeld Mikrobenfeld Mikrobenfeld
Mikrobenfeld Mikrobenfeld Mikrobenfeld Mikrobenfeld
Mikrobenfeld Mikrobenfeld Mikrobenfeld Mikrobenfeld
Mikrobenfeld Mikrobenfeld Mikrobenfeld Mikrobenfeld
Mikrobenfeld Mikrobenfeld Mikrobenfeld Mikrobenfeld
Mikrobenfeld Mikrobenfeld Mikrobenfeld Mikrobenfeld
Mikrobenfeld Mikrobenfeld Mikrobenfeld Mikrobenfeld
Mikrobenfeld Mikrobenfeld Mikrobenfeld Mikrobenfeld
Mikrobenfeld Mikrobenfeld Mikrobenfeld
Mikrobenfeld Mikrobenfeld Mikrobenfeld
Mikrobenfeld Mikrobenfeld Mikrobenfeld Mikrobenfeld
Mikrobenfeld Mikrobenfeld Mikrobenfeld Mikrobenfeld
Mikrobenfeld Mikrobenfeld Mikrobenfeld Mikrobenfeld
Mikrobenfeld Mikrobenfeld Mikrobenfeld Mikrobenfeld
Mikrobenfeld Mikrobenfeld Mikrobenfeld Mikrobenfeld
Mikrobenfeld Mikrobenfeld Mikrobenfeld Mikrobenfeld
Mikrobenfeld Mikrobenfeld Mikrobenfeld Mikrobenfeld
Mikrobenfeld Mikrobenfeld Mikrobenfeld Mikrobenfeld
Mikrobenfeld Mikrobenfeld Mikrobenfeld Mikrobenfeld
Mikrobenfeld Mikrobenfeld Mikrobenfeld Mikrobenfeld
Mikrobenfeld Mikrobenfeld Mikrobenfeld Mikrobenfeld
Mikrobenfeld Mikrobenfeld Mikrobenfeld Mikrobenfeld
Mikrobenfeld Mikrobenfeld Mikrobenfeld Mikrobenfeld
Mikrobenfeld Mikrobenfeld Mikrobenfeld Mikrobenfeld
Mikrobenfeld Mikrobenfeld Mikrobenfeld Mikrobenfeld
Mikrobenfeld Mikrobenfeld Mikrobenfeld Mikrobenfeld
Mikrobenfeld Mikrobenfeld Mikrobenfeld Mikrobenfeld
Mikrobenfeld Mikrobenfeld Mikrobenfeld Mikrobenfeld
Mikrobenfeld Mikrobenfeld Mikrobenfeld Mikrobenfeld
Mikrobenfeld Mikrobenfeld Mikrobenfeld Mikrobenfeld
Mikrobenfeld Mikrobenfeld Mikrobenfeld
Mikrobenfeld Mikrobenfeld Mikrobenfeld
Mikrobenfeld Mikrobenfeld Mikrobenfeld Mikrobenfeld
Mikrobenfeld Mikrobenfeld Mikrobenfeld Mikrobenfeld

Mikrobenfeld Mikrobenfeld Mikrobenfeld Mikrobenfeld
Mikrobenfeld Mikrobenfeld Mikrobenfeld Mikrobenfeld
Mikrobenfeld Mikrobenfeld Mikrobenfeld Mikrobenfeld
Mikrobenfeld Mikrobenfeld Mikrobenfeld Mikrobenfeld
Mikrobenfeld Mikrobenfeld Mikrobenfeld Mikrobenfeld
Mikrobenfeld Mikrobenfeld Mikrobenfeld Mikrobenfeld
Mikrobenfeld Mikrobenfeld Mikrobenfeld Mikrobenfeld
Mikrobenfeld Mikrobenfeld Mikrobenfeld Mikrobenfeld
Mikrobenfeld Mikrobenfeld Mikrobenfeld Mikrobenfeld
Mikrobenfeld Mikrobenfeld Mikrobenfeld Mikrobenfeld
Mikrobenfeld Mikrobenfeld Mikrobenfeld Mikrobenfeld
Mikrobenfeld Mikrobenfeld Mikrobenfeld Mikrobenfeld
Mikrobenfeld Mikrobenfeld Mikrobenfeld Mikrobenfeld
Mikrobenfeld Mikrobenfeld Mikrobenfeld Mikrobenfeld
Mikrobenfeld Mikrobenfeld Mikrobenfeld Mikrobenfeld
Mikrobenfeld Mikrobenfeld Mikrobenfeld Mikrobenfeld
Mikrobenfeld Mikrobenfeld Mikrobenfeld Mikrobenfeld
Mikrobenfeld Mikrobenfeld Mikrobenfeld Mikrobenfeld
Mikrobenfeld Mikrobenfeld Mikrobenfeld
Mikrobenfeld Mikrobenfeld Mikrobenfeld
Mikrobenfeld Mikrobenfeld Mikrobenfeld Mikrobenfeld
Mikrobenfeld Mikrobenfeld Mikrobenfeld Mikrobenfeld
Mikrobenfeld Mikrobenfeld Mikrobenfeld Mikrobenfeld
Mikrobenfeld Mikrobenfeld Mikrobenfeld Mikrobenfeld
Mikrobenfeld Mikrobenfeld Mikrobenfeld Mikrobenfeld
Mikrobenfeld Mikrobenfeld Mikrobenfeld Mikrobenfeld
Mikrobenfeld Mikrobenfeld Mikrobenfeld Mikrobenfeld
Mikrobenfeld Mikrobenfeld Mikrobenfeld Mikrobenfeld
Mikrobenfeld Mikrobenfeld Mikrobenfeld Mikrobenfeld
Mikrobenfeld Mikrobenfeld Mikrobenfeld Mikrobenfeld
Mikrobenfeld Mikrobenfeld Mikrobenfeld Mikrobenfeld
Mikrobenfeld Mikrobenfeld Mikrobenfeld Mikrobenfeld
Mikrobenfeld Mikrobenfeld Mikrobenfeld Mikrobenfeld
Mikrobenfeld Mikrobenfeld Mikrobenfeld Mikrobenfeld
Mikrobenfeld Mikrobenfeld Mikrobenfeld Mikrobenfeld
Mikrobenfeld Mikrobenfeld Mikrobenfeld Mikrobenfeld
Mikrobenfeld Mikrobenfeld Mikrobenfeld Mikrobenfeld
Mikrobenfeld Mikrobenfeld Mikrobenfeld Mikrobenfeld

Mikrobenfeld Mikrobenfeld Mikrobenfeld Mikrobenfeld
Mikrobenfeld Mikrobenfeld Mikrobenfeld Mikrobenfeld
Mikrobenfeld Mikrobenfeld Mikrobenfeld
Mikrobenfeld Mikrobenfeld Mikrobenfeld
Mikrobenfeld Mikrobenfeld Mikrobenfeld Mikrobenfeld
Mikrobenfeld Mikrobenfeld Mikrobenfeld Mikrobenfeld
Mikrobenfeld Mikrobenfeld Mikrobenfeld Mikrobenfeld
Mikrobenfeld Mikrobenfeld Mikrobenfeld Mikrobenfeld
Mikrobenfeld Mikrobenfeld Mikrobenfeld Mikrobenfeld
Mikrobenfeld Mikrobenfeld Mikrobenfeld Mikrobenfeld
Mikrobenfeld Mikrobenfeld Mikrobenfeld Mikrobenfeld
Mikrobenfeld Mikrobenfeld Mikrobenfeld Mikrobenfeld
Mikrobenfeld Mikrobenfeld Mikrobenfeld Mikrobenfeld
Mikrobenfeld Mikrobenfeld Mikrobenfeld Mikrobenfeld
Mikrobenfeld Mikrobenfeld Mikrobenfeld Mikrobenfeld
Mikrobenfeld Mikrobenfeld Mikrobenfeld Mikrobenfeld
Mikrobenfeld Mikrobenfeld Mikrobenfeld Mikrobenfeld
Mikrobenfeld Mikrobenfeld Mikrobenfeld Mikrobenfeld
Mikrobenfeld Mikrobenfeld Mikrobenfeld Mikrobenfeld
Mikrobenfeld Mikrobenfeld Mikrobenfeld Mikrobenfeld
Mikrobenfeld Mikrobenfeld Mikrobenfeld Mikrobenfeld
Mikrobenfeld Mikrobenfeld Mikrobenfeld Mikrobenfeld
Mikrobenfeld Mikrobenfeld Mikrobenfeld Mikrobenfeld
Mikrobenfeld Mikrobenfeld Mikrobenfeld Mikrobenfeld
Mikrobenfeld Mikrobenfeld Mikrobenfeld
Mikrobenfeld Mikrobenfeld Mikrobenfeld
Mikrobenfeld Mikrobenfeld Mikrobenfeld Mikrobenfeld
Mikrobenfeld Mikrobenfeld Mikrobenfeld Mikrobenfeld
Mikrobenfeld Mikrobenfeld Mikrobenfeld Mikrobenfeld
Mikrobenfeld Mikrobenfeld Mikrobenfeld Mikrobenfeld
Mikrobenfeld Mikrobenfeld Mikrobenfeld Mikrobenfeld
Mikrobenfeld Mikrobenfeld Mikrobenfeld Mikrobenfeld
Mikrobenfeld Mikrobenfeld Mikrobenfeld Mikrobenfeld
Mikrobenfeld Mikrobenfeld Mikrobenfeld Mikrobenfeld
Mikrobenfeld Mikrobenfeld Mikrobenfeld Mikrobenfeld
Mikrobenfeld Mikrobenfeld Mikrobenfeld Mikrobenfeld
Mikrobenfeld Mikrobenfeld Mikrobenfeld Mikrobenfeld
Mikrobenfeld Mikrobenfeld Mikrobenfeld Mikrobenfeld

Mikrobenfeld Mikrobenfeld Mikrobenfeld Mikrobenfeld
Mikrobenfeld Mikrobenfeld Mikrobenfeld Mikrobenfeld
Mikrobenfeld Mikrobenfeld Mikrobenfeld Mikrobenfeld
Mikrobenfeld Mikrobenfeld Mikrobenfeld Mikrobenfeld
Mikrobenfeld Mikrobenfeld Mikrobenfeld Mikrobenfeld
Mikrobenfeld Mikrobenfeld Mikrobenfeld Mikrobenfeld
Mikrobenfeld Mikrobenfeld Mikrobenfeld Mikrobenfeld
Mikrobenfeld Mikrobenfeld Mikrobenfeld Mikrobenfeld
Mikrobenfeld Mikrobenfeld Mikrobenfeld
Mikrobenfeld Mikrobenfeld Mikrobenfeld
Mikrobenfeld Mikrobenfeld Mikrobenfeld Mikrobenfeld
Mikrobenfeld Mikrobenfeld Mikrobenfeld Mikrobenfeld
Mikrobenfeld Mikrobenfeld Mikrobenfeld Mikrobenfeld
Mikrobenfeld Mikrobenfeld Mikrobenfeld Mikrobenfeld
Mikrobenfeld Mikrobenfeld Mikrobenfeld Mikrobenfeld
Mikrobenfeld Mikrobenfeld Mikrobenfeld Mikrobenfeld
Mikrobenfeld Mikrobenfeld Mikrobenfeld Mikrobenfeld
Mikrobenfeld Mikrobenfeld Mikrobenfeld Mikrobenfeld
Mikrobenfeld Mikrobenfeld Mikrobenfeld Mikrobenfeld
Mikrobenfeld Mikrobenfeld Mikrobenfeld Mikrobenfeld
Mikrobenfeld Mikrobenfeld Mikrobenfeld Mikrobenfeld
Mikrobenfeld Mikrobenfeld Mikrobenfeld Mikrobenfeld
Mikrobenfeld Mikrobenfeld Mikrobenfeld Mikrobenfeld
Mikrobenfeld Mikrobenfeld Mikrobenfeld Mikrobenfeld
Mikrobenfeld Mikrobenfeld Mikrobenfeld Mikrobenfeld
Mikrobenfeld Mikrobenfeld Mikrobenfeld Mikrobenfeld
Mikrobenfeld Mikrobenfeld Mikrobenfeld Mikrobenfeld
Mikrobenfeld Mikrobenfeld Mikrobenfeld Mikrobenfeld
Mikrobenfeld Mikrobenfeld Mikrobenfeld Mikrobenfeld
Mikrobenfeld Mikrobenfeld Mikrobenfeld Mikrobenfeld
Mikrobenfeld Mikrobenfeld Mikrobenfeld
Mikrobenfeld Mikrobenfeld Mikrobenfeld
Mikrobenfeld Mikrobenfeld Mikrobenfeld Mikrobenfeld
Mikrobenfeld Mikrobenfeld Mikrobenfeld Mikrobenfeld
Mikrobenfeld Mikrobenfeld Mikrobenfeld Mikrobenfeld
Mikrobenfeld Mikrobenfeld Mikrobenfeld Mikrobenfeld
Mikrobenfeld Mikrobenfeld Mikrobenfeld Mikrobenfeld
Mikrobenfeld Mikrobenfeld Mikrobenfeld Mikrobenfeld

Mikrobenfeld Mikrobenfeld Mikrobenfeld Mikrobenfeld
Mikrobenfeld Mikrobenfeld Mikrobenfeld Mikrobenfeld
Mikrobenfeld Mikrobenfeld Mikrobenfeld Mikrobenfeld
Mikrobenfeld Mikrobenfeld Mikrobenfeld Mikrobenfeld
Mikrobenfeld Mikrobenfeld Mikrobenfeld Mikrobenfeld
Mikrobenfeld Mikrobenfeld Mikrobenfeld Mikrobenfeld
Mikrobenfeld Mikrobenfeld Mikrobenfeld Mikrobenfeld
Mikrobenfeld Mikrobenfeld Mikrobenfeld Mikrobenfeld
Mikrobenfeld Mikrobenfeld Mikrobenfeld Mikrobenfeld
Mikrobenfeld Mikrobenfeld Mikrobenfeld Mikrobenfeld
Mikrobenfeld Mikrobenfeld Mikrobenfeld Mikrobenfeld
Mikrobenfeld Mikrobenfeld Mikrobenfeld Mikrobenfeld
Mikrobenfeld Mikrobenfeld Mikrobenfeld Mikrobenfeld
Mikrobenfeld Mikrobenfeld Mikrobenfeld Mikrobenfeld
Mikrobenfeld Mikrobenfeld Mikrobenfeld
Mikrobenfeld Mikrobenfeld Mikrobenfeld
Mikrobenfeld Mikrobenfeld Mikrobenfeld Mikrobenfeld
Mikrobenfeld Mikrobenfeld Mikrobenfeld Mikrobenfeld
Mikrobenfeld Mikrobenfeld Mikrobenfeld Mikrobenfeld
Mikrobenfeld Mikrobenfeld Mikrobenfeld Mikrobenfeld
Mikrobenfeld Mikrobenfeld Mikrobenfeld Mikrobenfeld
Mikrobenfeld Mikrobenfeld Mikrobenfeld Mikrobenfeld
Mikrobenfeld Mikrobenfeld Mikrobenfeld Mikrobenfeld
Mikrobenfeld Mikrobenfeld Mikrobenfeld Mikrobenfeld
Mikrobenfeld Mikrobenfeld Mikrobenfeld Mikrobenfeld
Mikrobenfeld Mikrobenfeld Mikrobenfeld Mikrobenfeld
Mikrobenfeld Mikrobenfeld Mikrobenfeld Mikrobenfeld
Mikrobenfeld Mikrobenfeld Mikrobenfeld Mikrobenfeld
Mikrobenfeld Mikrobenfeld Mikrobenfeld Mikrobenfeld
Mikrobenfeld Mikrobenfeld Mikrobenfeld Mikrobenfeld
Mikrobenfeld Mikrobenfeld Mikrobenfeld Mikrobenfeld
Mikrobenfeld Mikrobenfeld Mikrobenfeld Mikrobenfeld
Mikrobenfeld Mikrobenfeld Mikrobenfeld Mikrobenfeld
Mikrobenfeld Mikrobenfeld Mikrobenfeld Mikrobenfeld
Mikrobenfeld Mikrobenfeld Mikrobenfeld Mikrobenfeld
Mikrobenfeld Mikrobenfeld Mikrobenfeld Mikrobenfeld
Mikrobenfeld Mikrobenfeld Mikrobenfeld Mikrobenfeld
Mikrobenfeld Mikrobenfeld Mikrobenfeld
Mikrobenfeld Mikrobenfeld Mikrobenfeld

Mikrobenfeld Mikrobenfeld Mikrobenfeld Mikrobenfeld
Mikrobenfeld Mikrobenfeld Mikrobenfeld Mikrobenfeld
Mikrobenfeld Mikrobenfeld Mikrobenfeld Mikrobenfeld
Mikrobenfeld Mikrobenfeld Mikrobenfeld Mikrobenfeld
Mikrobenfeld Mikrobenfeld Mikrobenfeld Mikrobenfeld
Mikrobenfeld Mikrobenfeld Mikrobenfeld Mikrobenfeld
Mikrobenfeld Mikrobenfeld Mikrobenfeld Mikrobenfeld
Mikrobenfeld Mikrobenfeld Mikrobenfeld Mikrobenfeld
Mikrobenfeld Mikrobenfeld Mikrobenfeld Mikrobenfeld
Mikrobenfeld Mikrobenfeld Mikrobenfeld Mikrobenfeld
Mikrobenfeld Mikrobenfeld Mikrobenfeld Mikrobenfeld
Mikrobenfeld Mikrobenfeld Mikrobenfeld Mikrobenfeld
Mikrobenfeld Mikrobenfeld Mikrobenfeld Mikrobenfeld
Mikrobenfeld Mikrobenfeld Mikrobenfeld Mikrobenfeld
Mikrobenfeld Mikrobenfeld Mikrobenfeld Mikrobenfeld
Mikrobenfeld Mikrobenfeld Mikrobenfeld Mikrobenfeld
Mikrobenfeld Mikrobenfeld Mikrobenfeld Mikrobenfeld
Mikrobenfeld Mikrobenfeld Mikrobenfeld Mikrobenfeld
Mikrobenfeld Mikrobenfeld Mikrobenfeld Mikrobenfeld
Mikrobenfeld Mikrobenfeld Mikrobenfeld Mikrobenfeld
Mikrobenfeld Mikrobenfeld Mikrobenfeld
Mikrobenfeld Mikrobenfeld Mikrobenfeld
Mikrobenfeld Mikrobenfeld Mikrobenfeld Mikrobenfeld
Mikrobenfeld Mikrobenfeld Mikrobenfeld Mikrobenfeld
Mikrobenfeld Mikrobenfeld Mikrobenfeld Mikrobenfeld
Mikrobenfeld Mikrobenfeld Mikrobenfeld Mikrobenfeld
Mikrobenfeld Mikrobenfeld Mikrobenfeld Mikrobenfeld
Mikrobenfeld Mikrobenfeld Mikrobenfeld Mikrobenfeld
Mikrobenfeld Mikrobenfeld Mikrobenfeld Mikrobenfeld
Mikrobenfeld Mikrobenfeld Mikrobenfeld Mikrobenfeld
Mikrobenfeld Mikrobenfeld Mikrobenfeld Mikrobenfeld
Mikrobenfeld Mikrobenfeld Mikrobenfeld Mikrobenfeld
Mikrobenfeld Mikrobenfeld Mikrobenfeld Mikrobenfeld
Mikrobenfeld Mikrobenfeld Mikrobenfeld Mikrobenfeld
Mikrobenfeld Mikrobenfeld Mikrobenfeld Mikrobenfeld
Mikrobenfeld Mikrobenfeld Mikrobenfeld Mikrobenfeld
Mikrobenfeld Mikrobenfeld Mikrobenfeld Mikrobenfeld
Mikrobenfeld Mikrobenfeld Mikrobenfeld Mikrobenfeld

Mikrobenfeld Mikrobenfeld Mikrobenfeld Mikrobenfeld
Mikrobenfeld Mikrobenfeld Mikrobenfeld Mikrobenfeld
Mikrobenfeld Mikrobenfeld Mikrobenfeld Mikrobenfeld
Mikrobenfeld Mikrobenfeld Mikrobenfeld Mikrobenfeld
Mikrobenfeld Mikrobenfeld Mikrobenfeld
Mikrobenfeld Mikrobenfeld Mikrobenfeld
Mikrobenfeld Mikrobenfeld Mikrobenfeld Mikrobenfeld
Mikrobenfeld Mikrobenfeld Mikrobenfeld Mikrobenfeld
Mikrobenfeld Mikrobenfeld Mikrobenfeld Mikrobenfeld
Mikrobenfeld Mikrobenfeld Mikrobenfeld Mikrobenfeld
Mikrobenfeld Mikrobenfeld Mikrobenfeld Mikrobenfeld
Mikrobenfeld Mikrobenfeld Mikrobenfeld Mikrobenfeld
Mikrobenfeld Mikrobenfeld Mikrobenfeld Mikrobenfeld
Mikrobenfeld Mikrobenfeld Mikrobenfeld Mikrobenfeld
Mikrobenfeld Mikrobenfeld Mikrobenfeld Mikrobenfeld
Mikrobenfeld Mikrobenfeld Mikrobenfeld Mikrobenfeld
Mikrobenfeld Mikrobenfeld Mikrobenfeld Mikrobenfeld
Mikrobenfeld Mikrobenfeld Mikrobenfeld Mikrobenfeld
Mikrobenfeld Mikrobenfeld Mikrobenfeld Mikrobenfeld
Mikrobenfeld Mikrobenfeld Mikrobenfeld Mikrobenfeld
Mikrobenfeld Mikrobenfeld Mikrobenfeld Mikrobenfeld
Mikrobenfeld Mikrobenfeld Mikrobenfeld Mikrobenfeld
Mikrobenfeld Mikrobenfeld Mikrobenfeld Mikrobenfeld
Mikrobenfeld Mikrobenfeld Mikrobenfeld Mikrobenfeld
Mikrobenfeld Mikrobenfeld Mikrobenfeld Mikrobenfeld
Mikrobenfeld Mikrobenfeld Mikrobenfeld Mikrobenfeld
Mikrobenfeld Mikrobenfeld Mikrobenfeld
Mikrobenfeld Mikrobenfeld Mikrobenfeld
Mikrobenfeld Mikrobenfeld Mikrobenfeld Mikrobenfeld
Mikrobenfeld Mikrobenfeld Mikrobenfeld Mikrobenfeld
Mikrobenfeld Mikrobenfeld Mikrobenfeld Mikrobenfeld
Mikrobenfeld Mikrobenfeld Mikrobenfeld Mikrobenfeld
Mikrobenfeld Mikrobenfeld Mikrobenfeld Mikrobenfeld
Mikrobenfeld Mikrobenfeld Mikrobenfeld Mikrobenfeld
Mikrobenfeld Mikrobenfeld Mikrobenfeld Mikrobenfeld
Mikrobenfeld Mikrobenfeld Mikrobenfeld Mikrobenfeld
Mikrobenfeld Mikrobenfeld Mikrobenfeld Mikrobenfeld
Mikrobenfeld Mikrobenfeld Mikrobenfeld Mikrobenfeld

Mikrobenfeld Mikrobenfeld Mikrobenfeld Mikrobenfeld
Mikrobenfeld Mikrobenfeld Mikrobenfeld Mikrobenfeld
Mikrobenfeld Mikrobenfeld Mikrobenfeld Mikrobenfeld
Mikrobenfeld Mikrobenfeld Mikrobenfeld Mikrobenfeld
Mikrobenfeld Mikrobenfeld Mikrobenfeld Mikrobenfeld
Mikrobenfeld Mikrobenfeld Mikrobenfeld Mikrobenfeld
Mikrobenfeld Mikrobenfeld Mikrobenfeld Mikrobenfeld
Mikrobenfeld Mikrobenfeld Mikrobenfeld Mikrobenfeld
Mikrobenfeld Mikrobenfeld Mikrobenfeld Mikrobenfeld
Mikrobenfeld Mikrobenfeld Mikrobenfeld Mikrobenfeld
Mikrobenfeld Mikrobenfeld Mikrobenfeld
Mikrobenfeld Mikrobenfeld Mikrobenfeld
Mikrobenfeld Mikrobenfeld Mikrobenfeld Mikrobenfeld
Mikrobenfeld Mikrobenfeld Mikrobenfeld Mikrobenfeld
Mikrobenfeld Mikrobenfeld Mikrobenfeld Mikrobenfeld
Mikrobenfeld Mikrobenfeld Mikrobenfeld Mikrobenfeld
Mikrobenfeld Mikrobenfeld Mikrobenfeld Mikrobenfeld
Mikrobenfeld Mikrobenfeld Mikrobenfeld Mikrobenfeld
Mikrobenfeld Mikrobenfeld Mikrobenfeld Mikrobenfeld
Mikrobenfeld Mikrobenfeld Mikrobenfeld Mikrobenfeld
Mikrobenfeld Mikrobenfeld Mikrobenfeld Mikrobenfeld
Mikrobenfeld Mikrobenfeld Mikrobenfeld Mikrobenfeld
Mikrobenfeld Mikrobenfeld Mikrobenfeld Mikrobenfeld
Mikrobenfeld Mikrobenfeld Mikrobenfeld Mikrobenfeld
Mikrobenfeld Mikrobenfeld Mikrobenfeld Mikrobenfeld
Mikrobenfeld Mikrobenfeld Mikrobenfeld Mikrobenfeld
Mikrobenfeld Mikrobenfeld Mikrobenfeld Mikrobenfeld
Mikrobenfeld Mikrobenfeld Mikrobenfeld Mikrobenfeld
Mikrobenfeld Mikrobenfeld Mikrobenfeld Mikrobenfeld
Mikrobenfeld Mikrobenfeld Mikrobenfeld Mikrobenfeld
Mikrobenfeld Mikrobenfeld Mikrobenfeld Mikrobenfeld
Mikrobenfeld Mikrobenfeld Mikrobenfeld Mikrobenfeld
Mikrobenfeld Mikrobenfeld Mikrobenfeld
Mikrobenfeld Mikrobenfeld Mikrobenfeld
Mikrobenfeld Mikrobenfeld Mikrobenfeld Mikrobenfeld
Mikrobenfeld Mikrobenfeld Mikrobenfeld Mikrobenfeld
Mikrobenfeld Mikrobenfeld Mikrobenfeld Mikrobenfeld
Mikrobenfeld Mikrobenfeld Mikrobenfeld Mikrobenfeld

Mikrobenfeld Mikrobenfeld Mikrobenfeld Mikrobenfeld
Mikrobenfeld Mikrobenfeld Mikrobenfeld Mikrobenfeld
Mikrobenfeld Mikrobenfeld Mikrobenfeld Mikrobenfeld
Mikrobenfeld Mikrobenfeld Mikrobenfeld Mikrobenfeld
Mikrobenfeld Mikrobenfeld Mikrobenfeld Mikrobenfeld
Mikrobenfeld Mikrobenfeld Mikrobenfeld Mikrobenfeld
Mikrobenfeld Mikrobenfeld Mikrobenfeld Mikrobenfeld
Mikrobenfeld Mikrobenfeld Mikrobenfeld Mikrobenfeld
Mikrobenfeld Mikrobenfeld Mikrobenfeld Mikrobenfeld
Mikrobenfeld Mikrobenfeld Mikrobenfeld Mikrobenfeld
Mikrobenfeld Mikrobenfeld Mikrobenfeld Mikrobenfeld
Mikrobenfeld Mikrobenfeld Mikrobenfeld Mikrobenfeld
Mikrobenfeld Mikrobenfeld Mikrobenfeld Mikrobenfeld
Mikrobenfeld Mikrobenfeld Mikrobenfeld Mikrobenfeld
Mikrobenfeld Mikrobenfeld Mikrobenfeld Mikrobenfeld
Mikrobenfeld Mikrobenfeld Mikrobenfeld Mikrobenfeld
Mikrobenfeld Mikrobenfeld Mikrobenfeld
Mikrobenfeld Mikrobenfeld Mikrobenfeld
Mikrobenfeld Mikrobenfeld Mikrobenfeld Mikrobenfeld
Mikrobenfeld Mikrobenfeld Mikrobenfeld Mikrobenfeld
Mikrobenfeld Mikrobenfeld Mikrobenfeld Mikrobenfeld
Mikrobenfeld Mikrobenfeld Mikrobenfeld Mikrobenfeld
Mikrobenfeld Mikrobenfeld Mikrobenfeld Mikrobenfeld
Mikrobenfeld Mikrobenfeld Mikrobenfeld Mikrobenfeld
Mikrobenfeld Mikrobenfeld Mikrobenfeld Mikrobenfeld
Mikrobenfeld Mikrobenfeld Mikrobenfeld Mikrobenfeld
Mikrobenfeld Mikrobenfeld Mikrobenfeld Mikrobenfeld
Mikrobenfeld Mikrobenfeld Mikrobenfeld Mikrobenfeld
Mikrobenfeld Mikrobenfeld Mikrobenfeld Mikrobenfeld
Mikrobenfeld Mikrobenfeld Mikrobenfeld Mikrobenfeld
Mikrobenfeld Mikrobenfeld Mikrobenfeld Mikrobenfeld
Mikrobenfeld Mikrobenfeld Mikrobenfeld Mikrobenfeld
Mikrobenfeld Mikrobenfeld Mikrobenfeld Mikrobenfeld
Mikrobenfeld Mikrobenfeld Mikrobenfeld Mikrobenfeld
Mikrobenfeld Mikrobenfeld Mikrobenfeld Mikrobenfeld
Mikrobenfeld Mikrobenfeld Mikrobenfeld Mikrobenfeld
Mikrobenfeld Mikrobenfeld Mikrobenfeld Mikrobenfeld
Mikrobenfeld Mikrobenfeld Mikrobenfeld Mikrobenfeld

Mikrobenfeld Mikrobenfeld Mikrobenfeld
Mikrobenfeld Mikrobenfeld Mikrobenfeld
Mikrobenfeld Mikrobenfeld Mikrobenfeld Mikrobenfeld
Mikrobenfeld Mikrobenfeld Mikrobenfeld Mikrobenfeld
Mikrobenfeld Mikrobenfeld Mikrobenfeld Mikrobenfeld
Mikrobenfeld Mikrobenfeld Mikrobenfeld Mikrobenfeld
Mikrobenfeld Mikrobenfeld Mikrobenfeld Mikrobenfeld
Mikrobenfeld Mikrobenfeld Mikrobenfeld Mikrobenfeld
Mikrobenfeld Mikrobenfeld Mikrobenfeld Mikrobenfeld
Mikrobenfeld Mikrobenfeld Mikrobenfeld Mikrobenfeld
Mikrobenfeld Mikrobenfeld Mikrobenfeld Mikrobenfeld
Mikrobenfeld Mikrobenfeld Mikrobenfeld Mikrobenfeld
Mikrobenfeld Mikrobenfeld Mikrobenfeld Mikrobenfeld
Mikrobenfeld Mikrobenfeld Mikrobenfeld Mikrobenfeld
Mikrobenfeld Mikrobenfeld Mikrobenfeld Mikrobenfeld
Mikrobenfeld Mikrobenfeld Mikrobenfeld Mikrobenfeld
Mikrobenfeld Mikrobenfeld Mikrobenfeld Mikrobenfeld
Mikrobenfeld Mikrobenfeld Mikrobenfeld Mikrobenfeld
Mikrobenfeld Mikrobenfeld Mikrobenfeld Mikrobenfeld
Mikrobenfeld Mikrobenfeld Mikrobenfeld Mikrobenfeld
Mikrobenfeld Mikrobenfeld Mikrobenfeld Mikrobenfeld
Mikrobenfeld Mikrobenfeld Mikrobenfeld Mikrobenfeld
Mikrobenfeld Mikrobenfeld Mikrobenfeld
Mikrobenfeld Mikrobenfeld Mikrobenfeld
Mikrobenfeld Mikrobenfeld Mikrobenfeld Mikrobenfeld
Mikrobenfeld Mikrobenfeld Mikrobenfeld Mikrobenfeld
Mikrobenfeld Mikrobenfeld Mikrobenfeld Mikrobenfeld
Mikrobenfeld Mikrobenfeld Mikrobenfeld Mikrobenfeld
Mikrobenfeld Mikrobenfeld Mikrobenfeld Mikrobenfeld
Mikrobenfeld Mikrobenfeld Mikrobenfeld Mikrobenfeld
Mikrobenfeld Mikrobenfeld Mikrobenfeld Mikrobenfeld
Mikrobenfeld Mikrobenfeld Mikrobenfeld Mikrobenfeld
Mikrobenfeld Mikrobenfeld Mikrobenfeld Mikrobenfeld
Mikrobenfeld Mikrobenfeld Mikrobenfeld Mikrobenfeld
Mikrobenfeld Mikrobenfeld Mikrobenfeld Mikrobenfeld
Mikrobenfeld Mikrobenfeld Mikrobenfeld Mikrobenfeld
Mikrobenfeld Mikrobenfeld Mikrobenfeld Mikrobenfeld
Mikrobenfeld Mikrobenfeld Mikrobenfeld Mikrobenfeld

Mikrobenfeld Mikrobenfeld Mikrobenfeld Mikrobenfeld
Mikrobenfeld Mikrobenfeld Mikrobenfeld Mikrobenfeld
Mikrobenfeld Mikrobenfeld Mikrobenfeld Mikrobenfeld
Mikrobenfeld Mikrobenfeld Mikrobenfeld Mikrobenfeld
Mikrobenfeld Mikrobenfeld Mikrobenfeld Mikrobenfeld
Mikrobenfeld Mikrobenfeld Mikrobenfeld Mikrobenfeld
Mikrobenfeld Mikrobenfeld Mikrobenfeld
Mikrobenfeld Mikrobenfeld Mikrobenfeld
Mikrobenfeld Mikrobenfeld Mikrobenfeld Mikrobenfeld
Mikrobenfeld Mikrobenfeld Mikrobenfeld Mikrobenfeld
Mikrobenfeld Mikrobenfeld Mikrobenfeld Mikrobenfeld
Mikrobenfeld Mikrobenfeld Mikrobenfeld Mikrobenfeld
Mikrobenfeld Mikrobenfeld Mikrobenfeld Mikrobenfeld
Mikrobenfeld Mikrobenfeld Mikrobenfeld Mikrobenfeld
Mikrobenfeld Mikrobenfeld Mikrobenfeld Mikrobenfeld
Mikrobenfeld Mikrobenfeld Mikrobenfeld Mikrobenfeld
Mikrobenfeld Mikrobenfeld Mikrobenfeld Mikrobenfeld
Mikrobenfeld Mikrobenfeld Mikrobenfeld Mikrobenfeld
Mikrobenfeld Mikrobenfeld Mikrobenfeld Mikrobenfeld
Mikrobenfeld Mikrobenfeld Mikrobenfeld Mikrobenfeld
Mikrobenfeld Mikrobenfeld Mikrobenfeld Mikrobenfeld
Mikrobenfeld Mikrobenfeld Mikrobenfeld Mikrobenfeld
Mikrobenfeld Mikrobenfeld Mikrobenfeld Mikrobenfeld
Mikrobenfeld Mikrobenfeld Mikrobenfeld Mikrobenfeld
Mikrobenfeld Mikrobenfeld Mikrobenfeld Mikrobenfeld
Mikrobenfeld Mikrobenfeld Mikrobenfeld Mikrobenfeld
Mikrobenfeld Mikrobenfeld Mikrobenfeld Mikrobenfeld
Mikrobenfeld Mikrobenfeld Mikrobenfeld Mikrobenfeld
Mikrobenfeld Mikrobenfeld Mikrobenfeld
Mikrobenfeld Mikrobenfeld Mikrobenfeld
Mikrobenfeld Mikrobenfeld Mikrobenfeld Mikrobenfeld
Mikrobenfeld Mikrobenfeld Mikrobenfeld Mikrobenfeld
Mikrobenfeld Mikrobenfeld Mikrobenfeld Mikrobenfeld
Mikrobenfeld Mikrobenfeld Mikrobenfeld Mikrobenfeld
Mikrobenfeld Mikrobenfeld Mikrobenfeld Mikrobenfeld
Mikrobenfeld Mikrobenfeld Mikrobenfeld Mikrobenfeld
Mikrobenfeld Mikrobenfeld Mikrobenfeld Mikrobenfeld
Mikrobenfeld Mikrobenfeld Mikrobenfeld Mikrobenfeld

Mikrobenfeld Mikrobenfeld Mikrobenfeld Mikrobenfeld
Mikrobenfeld Mikrobenfeld Mikrobenfeld Mikrobenfeld
Mikrobenfeld Mikrobenfeld Mikrobenfeld Mikrobenfeld
Mikrobenfeld Mikrobenfeld Mikrobenfeld Mikrobenfeld
Mikrobenfeld Mikrobenfeld Mikrobenfeld Mikrobenfeld
Mikrobenfeld Mikrobenfeld Mikrobenfeld Mikrobenfeld
Mikrobenfeld Mikrobenfeld Mikrobenfeld Mikrobenfeld
Mikrobenfeld Mikrobenfeld Mikrobenfeld Mikrobenfeld
Mikrobenfeld Mikrobenfeld Mikrobenfeld Mikrobenfeld
Mikrobenfeld Mikrobenfeld Mikrobenfeld Mikrobenfeld
Mikrobenfeld Mikrobenfeld Mikrobenfeld Mikrobenfeld
Mikrobenfeld Mikrobenfeld Mikrobenfeld Mikrobenfeld
Mikrobenfeld Mikrobenfeld Mikrobenfeld
Mikrobenfeld Mikrobenfeld Mikrobenfeld
Mikrobenfeld Mikrobenfeld Mikrobenfeld Mikrobenfeld
Mikrobenfeld Mikrobenfeld Mikrobenfeld Mikrobenfeld
Mikrobenfeld Mikrobenfeld Mikrobenfeld Mikrobenfeld
Mikrobenfeld Mikrobenfeld Mikrobenfeld Mikrobenfeld
Mikrobenfeld Mikrobenfeld Mikrobenfeld Mikrobenfeld
Mikrobenfeld Mikrobenfeld Mikrobenfeld Mikrobenfeld
Mikrobenfeld Mikrobenfeld Mikrobenfeld Mikrobenfeld
Mikrobenfeld Mikrobenfeld Mikrobenfeld Mikrobenfeld
Mikrobenfeld Mikrobenfeld Mikrobenfeld Mikrobenfeld
Mikrobenfeld Mikrobenfeld Mikrobenfeld Mikrobenfeld
Mikrobenfeld Mikrobenfeld Mikrobenfeld Mikrobenfeld
Mikrobenfeld Mikrobenfeld Mikrobenfeld Mikrobenfeld
Mikrobenfeld Mikrobenfeld Mikrobenfeld Mikrobenfeld
Mikrobenfeld Mikrobenfeld Mikrobenfeld Mikrobenfeld
Mikrobenfeld Mikrobenfeld Mikrobenfeld Mikrobenfeld
Mikrobenfeld Mikrobenfeld Mikrobenfeld Mikrobenfeld
Mikrobenfeld Mikrobenfeld Mikrobenfeld Mikrobenfeld
Mikrobenfeld Mikrobenfeld Mikrobenfeld Mikrobenfeld
Mikrobenfeld Mikrobenfeld Mikrobenfeld Mikrobenfeld
Mikrobenfeld Mikrobenfeld Mikrobenfeld Mikrobenfeld
Mikrobenfeld Mikrobenfeld Mikrobenfeld
Mikrobenfeld Mikrobenfeld Mikrobenfeld
Mikrobenfeld Mikrobenfeld Mikrobenfeld Mikrobenfeld
Mikrobenfeld Mikrobenfeld Mikrobenfeld Mikrobenfeld

Mikrobenfeld Mikrobenfeld Mikrobenfeld Mikrobenfeld
Mikrobenfeld Mikrobenfeld Mikrobenfeld Mikrobenfeld
Mikrobenfeld Mikrobenfeld Mikrobenfeld Mikrobenfeld
Mikrobenfeld Mikrobenfeld Mikrobenfeld Mikrobenfeld
Mikrobenfeld Mikrobenfeld Mikrobenfeld Mikrobenfeld
Mikrobenfeld Mikrobenfeld Mikrobenfeld Mikrobenfeld
Mikrobenfeld Mikrobenfeld Mikrobenfeld Mikrobenfeld
Mikrobenfeld Mikrobenfeld Mikrobenfeld Mikrobenfeld
Mikrobenfeld Mikrobenfeld Mikrobenfeld Mikrobenfeld
Mikrobenfeld Mikrobenfeld Mikrobenfeld Mikrobenfeld
Mikrobenfeld Mikrobenfeld Mikrobenfeld Mikrobenfeld
Mikrobenfeld Mikrobenfeld Mikrobenfeld Mikrobenfeld
Mikrobenfeld Mikrobenfeld Mikrobenfeld Mikrobenfeld
Mikrobenfeld Mikrobenfeld Mikrobenfeld Mikrobenfeld
Mikrobenfeld Mikrobenfeld Mikrobenfeld Mikrobenfeld
Mikrobenfeld Mikrobenfeld Mikrobenfeld Mikrobenfeld
Mikrobenfeld Mikrobenfeld Mikrobenfeld Mikrobenfeld
Mikrobenfeld Mikrobenfeld Mikrobenfeld Mikrobenfeld
Mikrobenfeld Mikrobenfeld Mikrobenfeld
Mikrobenfeld Mikrobenfeld Mikrobenfeld
Mikrobenfeld Mikrobenfeld Mikrobenfeld Mikrobenfeld
Mikrobenfeld Mikrobenfeld Mikrobenfeld Mikrobenfeld
Mikrobenfeld Mikrobenfeld Mikrobenfeld Mikrobenfeld
Mikrobenfeld Mikrobenfeld Mikrobenfeld Mikrobenfeld
Mikrobenfeld Mikrobenfeld Mikrobenfeld Mikrobenfeld
Mikrobenfeld Mikrobenfeld Mikrobenfeld Mikrobenfeld
Mikrobenfeld Mikrobenfeld Mikrobenfeld Mikrobenfeld
Mikrobenfeld Mikrobenfeld Mikrobenfeld Mikrobenfeld
Mikrobenfeld Mikrobenfeld Mikrobenfeld Mikrobenfeld
Mikrobenfeld Mikrobenfeld Mikrobenfeld Mikrobenfeld
Mikrobenfeld Mikrobenfeld Mikrobenfeld Mikrobenfeld
Mikrobenfeld Mikrobenfeld Mikrobenfeld Mikrobenfeld
Mikrobenfeld Mikrobenfeld Mikrobenfeld Mikrobenfeld
Mikrobenfeld Mikrobenfeld Mikrobenfeld Mikrobenfeld
Mikrobenfeld Mikrobenfeld Mikrobenfeld Mikrobenfeld
Mikrobenfeld Mikrobenfeld Mikrobenfeld Mikrobenfeld
Mikrobenfeld Mikrobenfeld Mikrobenfeld Mikrobenfeld

Mikrobenfeld Mikrobenfeld Mikrobenfeld Mikrobenfeld
Mikrobenfeld Mikrobenfeld Mikrobenfeld Mikrobenfeld
Mikrobenfeld Mikrobenfeld Mikrobenfeld
Mikrobenfeld Mikrobenfeld Mikrobenfeld
Mikrobenfeld Mikrobenfeld Mikrobenfeld Mikrobenfeld
Mikrobenfeld Mikrobenfeld Mikrobenfeld Mikrobenfeld
Mikrobenfeld Mikrobenfeld Mikrobenfeld Mikrobenfeld
Mikrobenfeld Mikrobenfeld Mikrobenfeld Mikrobenfeld
Mikrobenfeld Mikrobenfeld Mikrobenfeld Mikrobenfeld
Mikrobenfeld Mikrobenfeld Mikrobenfeld Mikrobenfeld
Mikrobenfeld Mikrobenfeld Mikrobenfeld Mikrobenfeld
Mikrobenfeld Mikrobenfeld Mikrobenfeld Mikrobenfeld
Mikrobenfeld Mikrobenfeld Mikrobenfeld Mikrobenfeld
Mikrobenfeld Mikrobenfeld Mikrobenfeld Mikrobenfeld
Mikrobenfeld Mikrobenfeld Mikrobenfeld Mikrobenfeld
Mikrobenfeld Mikrobenfeld Mikrobenfeld Mikrobenfeld
Mikrobenfeld Mikrobenfeld Mikrobenfeld Mikrobenfeld
Mikrobenfeld Mikrobenfeld Mikrobenfeld Mikrobenfeld
Mikrobenfeld Mikrobenfeld Mikrobenfeld Mikrobenfeld
Mikrobenfeld Mikrobenfeld Mikrobenfeld Mikrobenfeld
Mikrobenfeld Mikrobenfeld Mikrobenfeld Mikrobenfeld
Mikrobenfeld Mikrobenfeld Mikrobenfeld Mikrobenfeld
Mikrobenfeld Mikrobenfeld Mikrobenfeld Mikrobenfeld
Mikrobenfeld Mikrobenfeld Mikrobenfeld Mikrobenfeld
Mikrobenfeld Mikrobenfeld Mikrobenfeld Mikrobenfeld
Mikrobenfeld Mikrobenfeld Mikrobenfeld
Mikrobenfeld Mikrobenfeld Mikrobenfeld
Mikrobenfeld Mikrobenfeld Mikrobenfeld Mikrobenfeld
Mikrobenfeld Mikrobenfeld Mikrobenfeld Mikrobenfeld
Mikrobenfeld Mikrobenfeld Mikrobenfeld Mikrobenfeld
Mikrobenfeld Mikrobenfeld Mikrobenfeld Mikrobenfeld
Mikrobenfeld Mikrobenfeld Mikrobenfeld Mikrobenfeld
Mikrobenfeld Mikrobenfeld Mikrobenfeld Mikrobenfeld
Mikrobenfeld Mikrobenfeld Mikrobenfeld Mikrobenfeld
Mikrobenfeld Mikrobenfeld Mikrobenfeld Mikrobenfeld
Mikrobenfeld Mikrobenfeld Mikrobenfeld Mikrobenfeld
Mikrobenfeld Mikrobenfeld Mikrobenfeld Mikrobenfeld
Mikrobenfeld Mikrobenfeld Mikrobenfeld Mikrobenfeld

Mikrobenfeld Mikrobenfeld Mikrobenfeld Mikrobenfeld
Mikrobenfeld Mikrobenfeld Mikrobenfeld Mikrobenfeld
Mikrobenfeld Mikrobenfeld Mikrobenfeld Mikrobenfeld
Mikrobenfeld Mikrobenfeld Mikrobenfeld Mikrobenfeld
Mikrobenfeld Mikrobenfeld Mikrobenfeld Mikrobenfeld
Mikrobenfeld Mikrobenfeld Mikrobenfeld Mikrobenfeld
Mikrobenfeld Mikrobenfeld Mikrobenfeld Mikrobenfeld
Mikrobenfeld Mikrobenfeld Mikrobenfeld Mikrobenfeld
Mikrobenfeld Mikrobenfeld Mikrobenfeld
Mikrobenfeld Mikrobenfeld Mikrobenfeld
Mikrobenfeld Mikrobenfeld Mikrobenfeld Mikrobenfeld
Mikrobenfeld Mikrobenfeld Mikrobenfeld Mikrobenfeld
Mikrobenfeld Mikrobenfeld Mikrobenfeld Mikrobenfeld
Mikrobenfeld Mikrobenfeld Mikrobenfeld Mikrobenfeld
Mikrobenfeld Mikrobenfeld Mikrobenfeld Mikrobenfeld
Mikrobenfeld Mikrobenfeld Mikrobenfeld Mikrobenfeld
Mikrobenfeld Mikrobenfeld Mikrobenfeld Mikrobenfeld
Mikrobenfeld Mikrobenfeld Mikrobenfeld Mikrobenfeld
Mikrobenfeld Mikrobenfeld Mikrobenfeld Mikrobenfeld
Mikrobenfeld Mikrobenfeld Mikrobenfeld Mikrobenfeld
Mikrobenfeld Mikrobenfeld Mikrobenfeld Mikrobenfeld
Mikrobenfeld Mikrobenfeld Mikrobenfeld Mikrobenfeld
Mikrobenfeld Mikrobenfeld Mikrobenfeld Mikrobenfeld
Mikrobenfeld Mikrobenfeld Mikrobenfeld Mikrobenfeld
Mikrobenfeld Mikrobenfeld Mikrobenfeld Mikrobenfeld
Mikrobenfeld Mikrobenfeld Mikrobenfeld Mikrobenfeld
Mikrobenfeld Mikrobenfeld Mikrobenfeld Mikrobenfeld
Mikrobenfeld Mikrobenfeld Mikrobenfeld Mikrobenfeld
Mikrobenfeld Mikrobenfeld Mikrobenfeld Mikrobenfeld
Mikrobenfeld Mikrobenfeld Mikrobenfeld Mikrobenfeld
Mikrobenfeld Mikrobenfeld Mikrobenfeld
Mikrobenfeld Mikrobenfeld Mikrobenfeld
Mikrobenfeld Mikrobenfeld Mikrobenfeld Mikrobenfeld
Mikrobenfeld Mikrobenfeld Mikrobenfeld Mikrobenfeld
Mikrobenfeld Mikrobenfeld Mikrobenfeld Mikrobenfeld
Mikrobenfeld Mikrobenfeld Mikrobenfeld Mikrobenfeld
Mikrobenfeld Mikrobenfeld Mikrobenfeld Mikrobenfeld
Mikrobenfeld Mikrobenfeld Mikrobenfeld Mikrobenfeld

Mikrobenfeld Mikrobenfeld Mikrobenfeld Mikrobenfeld
Mikrobenfeld Mikrobenfeld Mikrobenfeld Mikrobenfeld
Mikrobenfeld Mikrobenfeld Mikrobenfeld Mikrobenfeld
Mikrobenfeld Mikrobenfeld Mikrobenfeld Mikrobenfeld
Mikrobenfeld Mikrobenfeld Mikrobenfeld Mikrobenfeld
Mikrobenfeld Mikrobenfeld Mikrobenfeld Mikrobenfeld
Mikrobenfeld Mikrobenfeld Mikrobenfeld Mikrobenfeld
Mikrobenfeld Mikrobenfeld Mikrobenfeld Mikrobenfeld
Mikrobenfeld Mikrobenfeld Mikrobenfeld Mikrobenfeld
Mikrobenfeld Mikrobenfeld Mikrobenfeld Mikrobenfeld
Mikrobenfeld Mikrobenfeld Mikrobenfeld Mikrobenfeld
Mikrobenfeld Mikrobenfeld Mikrobenfeld Mikrobenfeld
Mikrobenfeld Mikrobenfeld Mikrobenfeld Mikrobenfeld
Mikrobenfeld Mikrobenfeld Mikrobenfeld Mikrobenfeld
Mikrobenfeld Mikrobenfeld Mikrobenfeld
Mikrobenfeld Mikrobenfeld Mikrobenfeld
Mikrobenfeld Mikrobenfeld Mikrobenfeld Mikrobenfeld
Mikrobenfeld Mikrobenfeld Mikrobenfeld Mikrobenfeld
Mikrobenfeld Mikrobenfeld Mikrobenfeld Mikrobenfeld
Mikrobenfeld Mikrobenfeld Mikrobenfeld Mikrobenfeld
Mikrobenfeld Mikrobenfeld Mikrobenfeld Mikrobenfeld
Mikrobenfeld Mikrobenfeld Mikrobenfeld Mikrobenfeld
Mikrobenfeld Mikrobenfeld Mikrobenfeld Mikrobenfeld
Mikrobenfeld Mikrobenfeld Mikrobenfeld Mikrobenfeld
Mikrobenfeld Mikrobenfeld Mikrobenfeld Mikrobenfeld
Mikrobenfeld Mikrobenfeld Mikrobenfeld Mikrobenfeld
Mikrobenfeld Mikrobenfeld Mikrobenfeld Mikrobenfeld
Mikrobenfeld Mikrobenfeld Mikrobenfeld Mikrobenfeld
Mikrobenfeld Mikrobenfeld Mikrobenfeld Mikrobenfeld
Mikrobenfeld Mikrobenfeld Mikrobenfeld Mikrobenfeld
Mikrobenfeld Mikrobenfeld Mikrobenfeld Mikrobenfeld
Mikrobenfeld Mikrobenfeld Mikrobenfeld Mikrobenfeld
Mikrobenfeld Mikrobenfeld Mikrobenfeld Mikrobenfeld
Mikrobenfeld Mikrobenfeld Mikrobenfeld Mikrobenfeld
Mikrobenfeld Mikrobenfeld Mikrobenfeld Mikrobenfeld
Mikrobenfeld Mikrobenfeld Mikrobenfeld Mikrobenfeld
Mikrobenfeld Mikrobenfeld Mikrobenfeld
Mikrobenfeld Mikrobenfeld Mikrobenfeld

Mikrobenfeld Mikrobenfeld Mikrobenfeld Mikrobenfeld
Mikrobenfeld Mikrobenfeld Mikrobenfeld Mikrobenfeld
Mikrobenfeld Mikrobenfeld Mikrobenfeld Mikrobenfeld
Mikrobenfeld Mikrobenfeld Mikrobenfeld Mikrobenfeld
Mikrobenfeld Mikrobenfeld Mikrobenfeld Mikrobenfeld
Mikrobenfeld Mikrobenfeld Mikrobenfeld Mikrobenfeld
Mikrobenfeld Mikrobenfeld Mikrobenfeld Mikrobenfeld
Mikrobenfeld Mikrobenfeld Mikrobenfeld Mikrobenfeld
Mikrobenfeld Mikrobenfeld Mikrobenfeld Mikrobenfeld
Mikrobenfeld Mikrobenfeld Mikrobenfeld Mikrobenfeld
Mikrobenfeld Mikrobenfeld Mikrobenfeld Mikrobenfeld
Mikrobenfeld Mikrobenfeld Mikrobenfeld Mikrobenfeld
Mikrobenfeld Mikrobenfeld Mikrobenfeld Mikrobenfeld
Mikrobenfeld Mikrobenfeld Mikrobenfeld Mikrobenfeld
Mikrobenfeld Mikrobenfeld Mikrobenfeld Mikrobenfeld
Mikrobenfeld Mikrobenfeld Mikrobenfeld Mikrobenfeld
Mikrobenfeld Mikrobenfeld Mikrobenfeld Mikrobenfeld
Mikrobenfeld Mikrobenfeld Mikrobenfeld Mikrobenfeld
Mikrobenfeld Mikrobenfeld Mikrobenfeld Mikrobenfeld
Mikrobenfeld Mikrobenfeld Mikrobenfeld Mikrobenfeld
Mikrobenfeld Mikrobenfeld Mikrobenfeld
Mikrobenfeld Mikrobenfeld Mikrobenfeld
Mikrobenfeld Mikrobenfeld Mikrobenfeld Mikrobenfeld
Mikrobenfeld Mikrobenfeld Mikrobenfeld Mikrobenfeld
Mikrobenfeld Mikrobenfeld Mikrobenfeld Mikrobenfeld
Mikrobenfeld Mikrobenfeld Mikrobenfeld Mikrobenfeld
Mikrobenfeld Mikrobenfeld Mikrobenfeld Mikrobenfeld
Mikrobenfeld Mikrobenfeld Mikrobenfeld Mikrobenfeld
Mikrobenfeld Mikrobenfeld Mikrobenfeld Mikrobenfeld
Mikrobenfeld Mikrobenfeld Mikrobenfeld Mikrobenfeld
Mikrobenfeld Mikrobenfeld Mikrobenfeld Mikrobenfeld
Mikrobenfeld Mikrobenfeld Mikrobenfeld Mikrobenfeld
Mikrobenfeld Mikrobenfeld Mikrobenfeld Mikrobenfeld
Mikrobenfeld Mikrobenfeld Mikrobenfeld Mikrobenfeld
Mikrobenfeld Mikrobenfeld Mikrobenfeld Mikrobenfeld
Mikrobenfeld Mikrobenfeld Mikrobenfeld Mikrobenfeld
Mikrobenfeld Mikrobenfeld Mikrobenfeld Mikrobenfeld
Mikrobenfeld Mikrobenfeld Mikrobenfeld Mikrobenfeld

Mikrobenfeld Mikrobenfeld Mikrobenfeld Mikrobenfeld
Mikrobenfeld Mikrobenfeld Mikrobenfeld Mikrobenfeld
Mikrobenfeld Mikrobenfeld Mikrobenfeld Mikrobenfeld
Mikrobenfeld Mikrobenfeld Mikrobenfeld Mikrobenfeld
Mikrobenfeld Mikrobenfeld Mikrobenfeld
Mikrobenfeld Mikrobenfeld Mikrobenfeld
Mikrobenfeld Mikrobenfeld Mikrobenfeld Mikrobenfeld
Mikrobenfeld Mikrobenfeld Mikrobenfeld Mikrobenfeld
Mikrobenfeld Mikrobenfeld Mikrobenfeld Mikrobenfeld
Mikrobenfeld Mikrobenfeld Mikrobenfeld Mikrobenfeld
Mikrobenfeld Mikrobenfeld Mikrobenfeld Mikrobenfeld
Mikrobenfeld Mikrobenfeld Mikrobenfeld Mikrobenfeld
Mikrobenfeld Mikrobenfeld Mikrobenfeld Mikrobenfeld
Mikrobenfeld Mikrobenfeld Mikrobenfeld Mikrobenfeld
Mikrobenfeld Mikrobenfeld Mikrobenfeld Mikrobenfeld
Mikrobenfeld Mikrobenfeld Mikrobenfeld Mikrobenfeld
Mikrobenfeld Mikrobenfeld Mikrobenfeld Mikrobenfeld
Mikrobenfeld Mikrobenfeld Mikrobenfeld Mikrobenfeld
Mikrobenfeld Mikrobenfeld Mikrobenfeld Mikrobenfeld
Mikrobenfeld Mikrobenfeld Mikrobenfeld Mikrobenfeld
Mikrobenfeld Mikrobenfeld Mikrobenfeld Mikrobenfeld
Mikrobenfeld Mikrobenfeld Mikrobenfeld Mikrobenfeld
Mikrobenfeld Mikrobenfeld Mikrobenfeld Mikrobenfeld
Mikrobenfeld Mikrobenfeld Mikrobenfeld Mikrobenfeld
Mikrobenfeld Mikrobenfeld Mikrobenfeld Mikrobenfeld
Mikrobenfeld Mikrobenfeld Mikrobenfeld Mikrobenfeld
Mikrobenfeld Mikrobenfeld Mikrobenfeld
Mikrobenfeld Mikrobenfeld Mikrobenfeld
Mikrobenfeld Mikrobenfeld Mikrobenfeld Mikrobenfeld
Mikrobenfeld Mikrobenfeld Mikrobenfeld Mikrobenfeld
Mikrobenfeld Mikrobenfeld Mikrobenfeld Mikrobenfeld
Mikrobenfeld Mikrobenfeld Mikrobenfeld Mikrobenfeld
Mikrobenfeld Mikrobenfeld Mikrobenfeld Mikrobenfeld
Mikrobenfeld Mikrobenfeld Mikrobenfeld Mikrobenfeld
Mikrobenfeld Mikrobenfeld Mikrobenfeld Mikrobenfeld
Mikrobenfeld Mikrobenfeld Mikrobenfeld Mikrobenfeld
Mikrobenfeld Mikrobenfeld Mikrobenfeld Mikrobenfeld
Mikrobenfeld Mikrobenfeld Mikrobenfeld Mikrobenfeld

Mikrobenfeld Mikrobenfeld Mikrobenfeld Mikrobenfeld
Mikrobenfeld Mikrobenfeld Mikrobenfeld Mikrobenfeld
Mikrobenfeld Mikrobenfeld Mikrobenfeld Mikrobenfeld
Mikrobenfeld Mikrobenfeld Mikrobenfeld Mikrobenfeld
Mikrobenfeld Mikrobenfeld Mikrobenfeld Mikrobenfeld
Mikrobenfeld Mikrobenfeld Mikrobenfeld Mikrobenfeld
Mikrobenfeld Mikrobenfeld Mikrobenfeld Mikrobenfeld
Mikrobenfeld Mikrobenfeld Mikrobenfeld Mikrobenfeld
Mikrobenfeld Mikrobenfeld Mikrobenfeld Mikrobenfeld
Mikrobenfeld Mikrobenfeld Mikrobenfeld Mikrobenfeld
Mikrobenfeld Mikrobenfeld Mikrobenfeld
Mikrobenfeld Mikrobenfeld Mikrobenfeld
Mikrobenfeld Mikrobenfeld Mikrobenfeld Mikrobenfeld
Mikrobenfeld Mikrobenfeld Mikrobenfeld Mikrobenfeld
Mikrobenfeld Mikrobenfeld Mikrobenfeld Mikrobenfeld
Mikrobenfeld Mikrobenfeld Mikrobenfeld Mikrobenfeld
Mikrobenfeld Mikrobenfeld Mikrobenfeld Mikrobenfeld
Mikrobenfeld Mikrobenfeld Mikrobenfeld Mikrobenfeld
Mikrobenfeld Mikrobenfeld Mikrobenfeld Mikrobenfeld
Mikrobenfeld Mikrobenfeld Mikrobenfeld Mikrobenfeld
Mikrobenfeld Mikrobenfeld Mikrobenfeld Mikrobenfeld
Mikrobenfeld Mikrobenfeld Mikrobenfeld Mikrobenfeld
Mikrobenfeld Mikrobenfeld Mikrobenfeld Mikrobenfeld
Mikrobenfeld Mikrobenfeld Mikrobenfeld Mikrobenfeld
Mikrobenfeld Mikrobenfeld Mikrobenfeld Mikrobenfeld
Mikrobenfeld Mikrobenfeld Mikrobenfeld Mikrobenfeld
Mikrobenfeld Mikrobenfeld Mikrobenfeld Mikrobenfeld
Mikrobenfeld Mikrobenfeld Mikrobenfeld Mikrobenfeld
Mikrobenfeld Mikrobenfeld Mikrobenfeld Mikrobenfeld
Mikrobenfeld Mikrobenfeld Mikrobenfeld Mikrobenfeld
Mikrobenfeld Mikrobenfeld Mikrobenfeld Mikrobenfeld
Mikrobenfeld Mikrobenfeld Mikrobenfeld Mikrobenfeld
Mikrobenfeld Mikrobenfeld Mikrobenfeld
Mikrobenfeld Mikrobenfeld Mikrobenfeld
Mikrobenfeld Mikrobenfeld Mikrobenfeld Mikrobenfeld
Mikrobenfeld Mikrobenfeld Mikrobenfeld Mikrobenfeld
Mikrobenfeld Mikrobenfeld Mikrobenfeld Mikrobenfeld
Mikrobenfeld Mikrobenfeld Mikrobenfeld Mikrobenfeld

Mikrobenfeld Mikrobenfeld Mikrobenfeld Mikrobenfeld
Mikrobenfeld Mikrobenfeld Mikrobenfeld Mikrobenfeld
Mikrobenfeld Mikrobenfeld Mikrobenfeld Mikrobenfeld
Mikrobenfeld Mikrobenfeld Mikrobenfeld Mikrobenfeld
Mikrobenfeld Mikrobenfeld Mikrobenfeld Mikrobenfeld
Mikrobenfeld Mikrobenfeld Mikrobenfeld Mikrobenfeld
Mikrobenfeld Mikrobenfeld Mikrobenfeld Mikrobenfeld
Mikrobenfeld Mikrobenfeld Mikrobenfeld Mikrobenfeld
Mikrobenfeld Mikrobenfeld Mikrobenfeld Mikrobenfeld
Mikrobenfeld Mikrobenfeld Mikrobenfeld Mikrobenfeld
Mikrobenfeld Mikrobenfeld Mikrobenfeld Mikrobenfeld
Mikrobenfeld Mikrobenfeld Mikrobenfeld Mikrobenfeld
Mikrobenfeld Mikrobenfeld Mikrobenfeld Mikrobenfeld
Mikrobenfeld Mikrobenfeld Mikrobenfeld Mikrobenfeld
Mikrobenfeld Mikrobenfeld Mikrobenfeld Mikrobenfeld
Mikrobenfeld Mikrobenfeld Mikrobenfeld Mikrobenfeld
Mikrobenfeld Mikrobenfeld Mikrobenfeld
Mikrobenfeld Mikrobenfeld Mikrobenfeld
Mikrobenfeld Mikrobenfeld Mikrobenfeld Mikrobenfeld
Mikrobenfeld Mikrobenfeld Mikrobenfeld Mikrobenfeld
Mikrobenfeld Mikrobenfeld Mikrobenfeld Mikrobenfeld
Mikrobenfeld Mikrobenfeld Mikrobenfeld Mikrobenfeld
Mikrobenfeld Mikrobenfeld Mikrobenfeld Mikrobenfeld
Mikrobenfeld Mikrobenfeld Mikrobenfeld Mikrobenfeld
Mikrobenfeld Mikrobenfeld Mikrobenfeld Mikrobenfeld
Mikrobenfeld Mikrobenfeld Mikrobenfeld Mikrobenfeld
Mikrobenfeld Mikrobenfeld Mikrobenfeld Mikrobenfeld
Mikrobenfeld Mikrobenfeld Mikrobenfeld Mikrobenfeld
Mikrobenfeld Mikrobenfeld Mikrobenfeld Mikrobenfeld
Mikrobenfeld Mikrobenfeld Mikrobenfeld Mikrobenfeld
Mikrobenfeld Mikrobenfeld Mikrobenfeld Mikrobenfeld
Mikrobenfeld Mikrobenfeld Mikrobenfeld Mikrobenfeld
Mikrobenfeld Mikrobenfeld Mikrobenfeld Mikrobenfeld
Mikrobenfeld Mikrobenfeld Mikrobenfeld Mikrobenfeld
Mikrobenfeld Mikrobenfeld Mikrobenfeld Mikrobenfeld
Mikrobenfeld Mikrobenfeld Mikrobenfeld Mikrobenfeld
Mikrobenfeld Mikrobenfeld Mikrobenfeld Mikrobenfeld
Mikrobenfeld Mikrobenfeld Mikrobenfeld Mikrobenfeld

Mikrobenfeld Mikrobenfeld Mikrobenfeld
Mikrobenfeld Mikrobenfeld Mikrobenfeld
Mikrobenfeld Mikrobenfeld Mikrobenfeld Mikrobenfeld
Mikrobenfeld Mikrobenfeld Mikrobenfeld Mikrobenfeld
Mikrobenfeld Mikrobenfeld Mikrobenfeld Mikrobenfeld
Mikrobenfeld Mikrobenfeld Mikrobenfeld Mikrobenfeld
Mikrobenfeld Mikrobenfeld Mikrobenfeld Mikrobenfeld
Mikrobenfeld Mikrobenfeld Mikrobenfeld Mikrobenfeld
Mikrobenfeld Mikrobenfeld Mikrobenfeld Mikrobenfeld
Mikrobenfeld Mikrobenfeld Mikrobenfeld Mikrobenfeld
Mikrobenfeld Mikrobenfeld Mikrobenfeld Mikrobenfeld
Mikrobenfeld Mikrobenfeld Mikrobenfeld Mikrobenfeld
Mikrobenfeld Mikrobenfeld Mikrobenfeld Mikrobenfeld
Mikrobenfeld Mikrobenfeld Mikrobenfeld Mikrobenfeld
Mikrobenfeld Mikrobenfeld Mikrobenfeld Mikrobenfeld
Mikrobenfeld Mikrobenfeld Mikrobenfeld Mikrobenfeld
Mikrobenfeld Mikrobenfeld Mikrobenfeld Mikrobenfeld
Mikrobenfeld Mikrobenfeld Mikrobenfeld Mikrobenfeld
Mikrobenfeld Mikrobenfeld Mikrobenfeld Mikrobenfeld
Mikrobenfeld Mikrobenfeld Mikrobenfeld Mikrobenfeld
Mikrobenfeld Mikrobenfeld Mikrobenfeld Mikrobenfeld
Mikrobenfeld Mikrobenfeld Mikrobenfeld Mikrobenfeld
Mikrobenfeld Mikrobenfeld Mikrobenfeld
Mikrobenfeld Mikrobenfeld Mikrobenfeld
Mikrobenfeld Mikrobenfeld Mikrobenfeld Mikrobenfeld
Mikrobenfeld Mikrobenfeld Mikrobenfeld Mikrobenfeld
Mikrobenfeld Mikrobenfeld Mikrobenfeld Mikrobenfeld
Mikrobenfeld Mikrobenfeld Mikrobenfeld Mikrobenfeld
Mikrobenfeld Mikrobenfeld Mikrobenfeld Mikrobenfeld
Mikrobenfeld Mikrobenfeld Mikrobenfeld Mikrobenfeld
Mikrobenfeld Mikrobenfeld Mikrobenfeld Mikrobenfeld
Mikrobenfeld Mikrobenfeld Mikrobenfeld Mikrobenfeld
Mikrobenfeld Mikrobenfeld Mikrobenfeld Mikrobenfeld
Mikrobenfeld Mikrobenfeld Mikrobenfeld Mikrobenfeld
Mikrobenfeld Mikrobenfeld Mikrobenfeld Mikrobenfeld
Mikrobenfeld Mikrobenfeld Mikrobenfeld Mikrobenfeld
Mikrobenfeld Mikrobenfeld Mikrobenfeld Mikrobenfeld
Mikrobenfeld Mikrobenfeld Mikrobenfeld Mikrobenfeld

Mikrobenfeld Mikrobenfeld Mikrobenfeld Mikrobenfeld
Mikrobenfeld Mikrobenfeld Mikrobenfeld Mikrobenfeld
Mikrobenfeld Mikrobenfeld Mikrobenfeld Mikrobenfeld
Mikrobenfeld Mikrobenfeld Mikrobenfeld Mikrobenfeld
Mikrobenfeld Mikrobenfeld Mikrobenfeld Mikrobenfeld
Mikrobenfeld Mikrobenfeld Mikrobenfeld Mikrobenfeld
Mikrobenfeld Mikrobenfeld Mikrobenfeld
Mikrobenfeld Mikrobenfeld Mikrobenfeld
Mikrobenfeld Mikrobenfeld Mikrobenfeld Mikrobenfeld
Mikrobenfeld Mikrobenfeld Mikrobenfeld Mikrobenfeld
Mikrobenfeld Mikrobenfeld Mikrobenfeld Mikrobenfeld
Mikrobenfeld Mikrobenfeld Mikrobenfeld Mikrobenfeld
Mikrobenfeld Mikrobenfeld Mikrobenfeld Mikrobenfeld
Mikrobenfeld Mikrobenfeld Mikrobenfeld Mikrobenfeld
Mikrobenfeld Mikrobenfeld Mikrobenfeld Mikrobenfeld
Mikrobenfeld Mikrobenfeld Mikrobenfeld Mikrobenfeld
Mikrobenfeld Mikrobenfeld Mikrobenfeld Mikrobenfeld
Mikrobenfeld Mikrobenfeld Mikrobenfeld Mikrobenfeld
Mikrobenfeld Mikrobenfeld Mikrobenfeld Mikrobenfeld
Mikrobenfeld Mikrobenfeld Mikrobenfeld Mikrobenfeld
Mikrobenfeld Mikrobenfeld Mikrobenfeld Mikrobenfeld
Mikrobenfeld Mikrobenfeld Mikrobenfeld Mikrobenfeld
Mikrobenfeld Mikrobenfeld Mikrobenfeld Mikrobenfeld
Mikrobenfeld Mikrobenfeld Mikrobenfeld Mikrobenfeld
Mikrobenfeld Mikrobenfeld Mikrobenfeld Mikrobenfeld
Mikrobenfeld Mikrobenfeld Mikrobenfeld Mikrobenfeld
Mikrobenfeld Mikrobenfeld Mikrobenfeld Mikrobenfeld
Mikrobenfeld Mikrobenfeld Mikrobenfeld Mikrobenfeld
Mikrobenfeld Mikrobenfeld Mikrobenfeld
Mikrobenfeld Mikrobenfeld Mikrobenfeld
Mikrobenfeld Mikrobenfeld Mikrobenfeld Mikrobenfeld
Mikrobenfeld Mikrobenfeld Mikrobenfeld Mikrobenfeld
Mikrobenfeld Mikrobenfeld Mikrobenfeld Mikrobenfeld
Mikrobenfeld Mikrobenfeld Mikrobenfeld Mikrobenfeld
Mikrobenfeld Mikrobenfeld Mikrobenfeld Mikrobenfeld
Mikrobenfeld Mikrobenfeld Mikrobenfeld Mikrobenfeld
Mikrobenfeld Mikrobenfeld Mikrobenfeld Mikrobenfeld
Mikrobenfeld Mikrobenfeld Mikrobenfeld Mikrobenfeld

Mikrobenfeld Mikrobenfeld Mikrobenfeld Mikrobenfeld
Mikrobenfeld Mikrobenfeld Mikrobenfeld Mikrobenfeld
Mikrobenfeld Mikrobenfeld Mikrobenfeld Mikrobenfeld
Mikrobenfeld Mikrobenfeld Mikrobenfeld Mikrobenfeld
Mikrobenfeld Mikrobenfeld Mikrobenfeld Mikrobenfeld
Mikrobenfeld Mikrobenfeld Mikrobenfeld Mikrobenfeld
Mikrobenfeld Mikrobenfeld Mikrobenfeld Mikrobenfeld
Mikrobenfeld Mikrobenfeld Mikrobenfeld Mikrobenfeld
Mikrobenfeld Mikrobenfeld Mikrobenfeld Mikrobenfeld
Mikrobenfeld Mikrobenfeld Mikrobenfeld Mikrobenfeld
Mikrobenfeld Mikrobenfeld Mikrobenfeld Mikrobenfeld
Mikrobenfeld Mikrobenfeld Mikrobenfeld Mikrobenfeld
Mikrobenfeld Mikrobenfeld Mikrobenfeld
Mikrobenfeld Mikrobenfeld Mikrobenfeld
Mikrobenfeld Mikrobenfeld Mikrobenfeld Mikrobenfeld
Mikrobenfeld Mikrobenfeld Mikrobenfeld Mikrobenfeld
Mikrobenfeld Mikrobenfeld Mikrobenfeld Mikrobenfeld
Mikrobenfeld Mikrobenfeld Mikrobenfeld Mikrobenfeld
Mikrobenfeld Mikrobenfeld Mikrobenfeld Mikrobenfeld
Mikrobenfeld Mikrobenfeld Mikrobenfeld Mikrobenfeld
Mikrobenfeld Mikrobenfeld Mikrobenfeld Mikrobenfeld
Mikrobenfeld Mikrobenfeld Mikrobenfeld Mikrobenfeld
Mikrobenfeld Mikrobenfeld Mikrobenfeld Mikrobenfeld
Mikrobenfeld Mikrobenfeld Mikrobenfeld Mikrobenfeld
Mikrobenfeld Mikrobenfeld Mikrobenfeld Mikrobenfeld
Mikrobenfeld Mikrobenfeld Mikrobenfeld Mikrobenfeld
Mikrobenfeld Mikrobenfeld Mikrobenfeld Mikrobenfeld
Mikrobenfeld Mikrobenfeld Mikrobenfeld Mikrobenfeld
Mikrobenfeld Mikrobenfeld Mikrobenfeld Mikrobenfeld
Mikrobenfeld Mikrobenfeld Mikrobenfeld Mikrobenfeld
Mikrobenfeld Mikrobenfeld Mikrobenfeld Mikrobenfeld
Mikrobenfeld Mikrobenfeld Mikrobenfeld Mikrobenfeld
Mikrobenfeld Mikrobenfeld Mikrobenfeld Mikrobenfeld
Mikrobenfeld Mikrobenfeld Mikrobenfeld Mikrobenfeld
Mikrobenfeld Mikrobenfeld Mikrobenfeld
Mikrobenfeld Mikrobenfeld Mikrobenfeld
Mikrobenfeld Mikrobenfeld Mikrobenfeld Mikrobenfeld
Mikrobenfeld Mikrobenfeld Mikrobenfeld Mikrobenfeld

Mikrobenfeld Mikrobenfeld Mikrobenfeld Mikrobenfeld
Mikrobenfeld Mikrobenfeld Mikrobenfeld Mikrobenfeld
Mikrobenfeld Mikrobenfeld Mikrobenfeld Mikrobenfeld
Mikrobenfeld Mikrobenfeld Mikrobenfeld Mikrobenfeld
Mikrobenfeld Mikrobenfeld Mikrobenfeld Mikrobenfeld
Mikrobenfeld Mikrobenfeld Mikrobenfeld Mikrobenfeld
Mikrobenfeld Mikrobenfeld Mikrobenfeld Mikrobenfeld
Mikrobenfeld Mikrobenfeld Mikrobenfeld Mikrobenfeld
Mikrobenfeld Mikrobenfeld Mikrobenfeld Mikrobenfeld
Mikrobenfeld Mikrobenfeld Mikrobenfeld Mikrobenfeld
Mikrobenfeld Mikrobenfeld Mikrobenfeld Mikrobenfeld
Mikrobenfeld Mikrobenfeld Mikrobenfeld Mikrobenfeld
Mikrobenfeld Mikrobenfeld Mikrobenfeld Mikrobenfeld
Mikrobenfeld Mikrobenfeld Mikrobenfeld Mikrobenfeld
Mikrobenfeld Mikrobenfeld Mikrobenfeld Mikrobenfeld
Mikrobenfeld Mikrobenfeld Mikrobenfeld Mikrobenfeld
Mikrobenfeld Mikrobenfeld Mikrobenfeld Mikrobenfeld
Mikrobenfeld Mikrobenfeld Mikrobenfeld Mikrobenfeld
Mikrobenfeld Mikrobenfeld Mikrobenfeld
Mikrobenfeld Mikrobenfeld Mikrobenfeld
Mikrobenfeld Mikrobenfeld Mikrobenfeld Mikrobenfeld
Mikrobenfeld Mikrobenfeld Mikrobenfeld Mikrobenfeld
Mikrobenfeld Mikrobenfeld Mikrobenfeld Mikrobenfeld
Mikrobenfeld Mikrobenfeld Mikrobenfeld Mikrobenfeld
Mikrobenfeld Mikrobenfeld Mikrobenfeld Mikrobenfeld
Mikrobenfeld Mikrobenfeld Mikrobenfeld Mikrobenfeld
Mikrobenfeld Mikrobenfeld Mikrobenfeld Mikrobenfeld
Mikrobenfeld Mikrobenfeld Mikrobenfeld Mikrobenfeld
Mikrobenfeld Mikrobenfeld Mikrobenfeld Mikrobenfeld
Mikrobenfeld Mikrobenfeld Mikrobenfeld Mikrobenfeld
Mikrobenfeld Mikrobenfeld Mikrobenfeld Mikrobenfeld
Mikrobenfeld Mikrobenfeld Mikrobenfeld Mikrobenfeld
Mikrobenfeld Mikrobenfeld Mikrobenfeld Mikrobenfeld
Mikrobenfeld Mikrobenfeld Mikrobenfeld Mikrobenfeld
Mikrobenfeld Mikrobenfeld Mikrobenfeld Mikrobenfeld
Mikrobenfeld Mikrobenfeld Mikrobenfeld Mikrobenfeld
Mikrobenfeld Mikrobenfeld Mikrobenfeld Mikrobenfeld
Mikrobenfeld Mikrobenfeld Mikrobenfeld Mikrobenfeld

Mikrobenfeld Mikrobenfeld Mikrobenfeld Mikrobenfeld
Mikrobenfeld Mikrobenfeld Mikrobenfeld Mikrobenfeld
Mikrobenfeld Mikrobenfeld Mikrobenfeld
Mikrobenfeld Mikrobenfeld Mikrobenfeld
Mikrobenfeld Mikrobenfeld Mikrobenfeld Mikrobenfeld
Mikrobenfeld Mikrobenfeld Mikrobenfeld Mikrobenfeld
Mikrobenfeld Mikrobenfeld Mikrobenfeld Mikrobenfeld
Mikrobenfeld Mikrobenfeld Mikrobenfeld Mikrobenfeld
Mikrobenfeld Mikrobenfeld Mikrobenfeld Mikrobenfeld
Mikrobenfeld Mikrobenfeld Mikrobenfeld Mikrobenfeld
Mikrobenfeld Mikrobenfeld Mikrobenfeld Mikrobenfeld
Mikrobenfeld Mikrobenfeld Mikrobenfeld Mikrobenfeld
Mikrobenfeld Mikrobenfeld Mikrobenfeld Mikrobenfeld
Mikrobenfeld Mikrobenfeld Mikrobenfeld Mikrobenfeld
Mikrobenfeld Mikrobenfeld Mikrobenfeld Mikrobenfeld
Mikrobenfeld Mikrobenfeld Mikrobenfeld Mikrobenfeld
Mikrobenfeld Mikrobenfeld Mikrobenfeld Mikrobenfeld
Mikrobenfeld Mikrobenfeld Mikrobenfeld Mikrobenfeld
Mikrobenfeld Mikrobenfeld Mikrobenfeld Mikrobenfeld
Mikrobenfeld Mikrobenfeld Mikrobenfeld Mikrobenfeld
Mikrobenfeld Mikrobenfeld Mikrobenfeld Mikrobenfeld
Mikrobenfeld Mikrobenfeld Mikrobenfeld Mikrobenfeld
Mikrobenfeld Mikrobenfeld Mikrobenfeld Mikrobenfeld
Mikrobenfeld Mikrobenfeld Mikrobenfeld Mikrobenfeld
Mikrobenfeld Mikrobenfeld Mikrobenfeld
Mikrobenfeld Mikrobenfeld Mikrobenfeld
Mikrobenfeld Mikrobenfeld Mikrobenfeld Mikrobenfeld
Mikrobenfeld Mikrobenfeld Mikrobenfeld Mikrobenfeld
Mikrobenfeld Mikrobenfeld Mikrobenfeld Mikrobenfeld
Mikrobenfeld Mikrobenfeld Mikrobenfeld Mikrobenfeld
Mikrobenfeld Mikrobenfeld Mikrobenfeld Mikrobenfeld
Mikrobenfeld Mikrobenfeld Mikrobenfeld Mikrobenfeld
Mikrobenfeld Mikrobenfeld Mikrobenfeld Mikrobenfeld
Mikrobenfeld Mikrobenfeld Mikrobenfeld Mikrobenfeld
Mikrobenfeld Mikrobenfeld Mikrobenfeld Mikrobenfeld
Mikrobenfeld Mikrobenfeld Mikrobenfeld Mikrobenfeld
Mikrobenfeld Mikrobenfeld Mikrobenfeld Mikrobenfeld
Mikrobenfeld Mikrobenfeld Mikrobenfeld Mikrobenfeld

Mikrobenfeld Mikrobenfeld Mikrobenfeld Mikrobenfeld
Mikrobenfeld Mikrobenfeld Mikrobenfeld Mikrobenfeld
Mikrobenfeld Mikrobenfeld Mikrobenfeld Mikrobenfeld
Mikrobenfeld Mikrobenfeld Mikrobenfeld Mikrobenfeld
Mikrobenfeld Mikrobenfeld Mikrobenfeld Mikrobenfeld
Mikrobenfeld Mikrobenfeld Mikrobenfeld Mikrobenfeld
Mikrobenfeld Mikrobenfeld Mikrobenfeld Mikrobenfeld
Mikrobenfeld Mikrobenfeld Mikrobenfeld Mikrobenfeld
Mikrobenfeld Mikrobenfeld Mikrobenfeld
Mikrobenfeld Mikrobenfeld Mikrobenfeld
Mikrobenfeld Mikrobenfeld Mikrobenfeld Mikrobenfeld
Mikrobenfeld Mikrobenfeld Mikrobenfeld Mikrobenfeld
Mikrobenfeld Mikrobenfeld Mikrobenfeld Mikrobenfeld
Mikrobenfeld Mikrobenfeld Mikrobenfeld Mikrobenfeld
Mikrobenfeld Mikrobenfeld Mikrobenfeld Mikrobenfeld
Mikrobenfeld Mikrobenfeld Mikrobenfeld Mikrobenfeld
Mikrobenfeld Mikrobenfeld Mikrobenfeld Mikrobenfeld
Mikrobenfeld Mikrobenfeld Mikrobenfeld Mikrobenfeld
Mikrobenfeld Mikrobenfeld Mikrobenfeld Mikrobenfeld
Mikrobenfeld Mikrobenfeld Mikrobenfeld Mikrobenfeld
Mikrobenfeld Mikrobenfeld Mikrobenfeld Mikrobenfeld
Mikrobenfeld Mikrobenfeld Mikrobenfeld Mikrobenfeld
Mikrobenfeld Mikrobenfeld Mikrobenfeld Mikrobenfeld
Mikrobenfeld Mikrobenfeld Mikrobenfeld Mikrobenfeld
Mikrobenfeld Mikrobenfeld Mikrobenfeld Mikrobenfeld
Mikrobenfeld Mikrobenfeld Mikrobenfeld Mikrobenfeld
Mikrobenfeld Mikrobenfeld Mikrobenfeld Mikrobenfeld
Mikrobenfeld Mikrobenfeld Mikrobenfeld Mikrobenfeld
Mikrobenfeld Mikrobenfeld Mikrobenfeld Mikrobenfeld
Mikrobenfeld Mikrobenfeld Mikrobenfeld Mikrobenfeld
Mikrobenfeld Mikrobenfeld Mikrobenfeld
Mikrobenfeld Mikrobenfeld Mikrobenfeld
Mikrobenfeld Mikrobenfeld Mikrobenfeld Mikrobenfeld
Mikrobenfeld Mikrobenfeld Mikrobenfeld Mikrobenfeld
Mikrobenfeld Mikrobenfeld Mikrobenfeld Mikrobenfeld
Mikrobenfeld Mikrobenfeld Mikrobenfeld Mikrobenfeld
Mikrobenfeld Mikrobenfeld Mikrobenfeld Mikrobenfeld
Mikrobenfeld Mikrobenfeld Mikrobenfeld Mikrobenfeld

Mikrobenfeld Mikrobenfeld Mikrobenfeld Mikrobenfeld
Mikrobenfeld Mikrobenfeld Mikrobenfeld Mikrobenfeld
Mikrobenfeld Mikrobenfeld Mikrobenfeld Mikrobenfeld
Mikrobenfeld Mikrobenfeld Mikrobenfeld Mikrobenfeld
Mikrobenfeld Mikrobenfeld Mikrobenfeld Mikrobenfeld
Mikrobenfeld Mikrobenfeld Mikrobenfeld Mikrobenfeld
Mikrobenfeld Mikrobenfeld Mikrobenfeld Mikrobenfeld
Mikrobenfeld Mikrobenfeld Mikrobenfeld Mikrobenfeld
Mikrobenfeld Mikrobenfeld Mikrobenfeld Mikrobenfeld
Mikrobenfeld Mikrobenfeld Mikrobenfeld Mikrobenfeld
Mikrobenfeld Mikrobenfeld Mikrobenfeld Mikrobenfeld
Mikrobenfeld Mikrobenfeld Mikrobenfeld Mikrobenfeld
Mikrobenfeld Mikrobenfeld Mikrobenfeld Mikrobenfeld
Mikrobenfeld Mikrobenfeld Mikrobenfeld Mikrobenfeld
Mikrobenfeld Mikrobenfeld Mikrobenfeld
Mikrobenfeld Mikrobenfeld Mikrobenfeld
Mikrobenfeld Mikrobenfeld Mikrobenfeld Mikrobenfeld
Mikrobenfeld Mikrobenfeld Mikrobenfeld Mikrobenfeld
Mikrobenfeld Mikrobenfeld Mikrobenfeld Mikrobenfeld
Mikrobenfeld Mikrobenfeld Mikrobenfeld Mikrobenfeld
Mikrobenfeld Mikrobenfeld Mikrobenfeld Mikrobenfeld
Mikrobenfeld Mikrobenfeld Mikrobenfeld Mikrobenfeld
Mikrobenfeld Mikrobenfeld Mikrobenfeld Mikrobenfeld
Mikrobenfeld Mikrobenfeld Mikrobenfeld Mikrobenfeld
Mikrobenfeld Mikrobenfeld Mikrobenfeld Mikrobenfeld
Mikrobenfeld Mikrobenfeld Mikrobenfeld Mikrobenfeld
Mikrobenfeld Mikrobenfeld Mikrobenfeld Mikrobenfeld
Mikrobenfeld Mikrobenfeld Mikrobenfeld Mikrobenfeld
Mikrobenfeld Mikrobenfeld Mikrobenfeld Mikrobenfeld
Mikrobenfeld Mikrobenfeld Mikrobenfeld Mikrobenfeld
Mikrobenfeld Mikrobenfeld Mikrobenfeld Mikrobenfeld
Mikrobenfeld Mikrobenfeld Mikrobenfeld Mikrobenfeld
Mikrobenfeld Mikrobenfeld Mikrobenfeld Mikrobenfeld
Mikrobenfeld Mikrobenfeld Mikrobenfeld Mikrobenfeld
Mikrobenfeld Mikrobenfeld Mikrobenfeld Mikrobenfeld
Mikrobenfeld Mikrobenfeld Mikrobenfeld
Mikrobenfeld Mikrobenfeld Mikrobenfeld

Mikrobenfeld Mikrobenfeld Mikrobenfeld Mikrobenfeld
Mikrobenfeld Mikrobenfeld Mikrobenfeld Mikrobenfeld
Mikrobenfeld Mikrobenfeld Mikrobenfeld Mikrobenfeld
Mikrobenfeld Mikrobenfeld Mikrobenfeld Mikrobenfeld
Mikrobenfeld Mikrobenfeld Mikrobenfeld Mikrobenfeld
Mikrobenfeld Mikrobenfeld Mikrobenfeld Mikrobenfeld
Mikrobenfeld Mikrobenfeld Mikrobenfeld Mikrobenfeld
Mikrobenfeld Mikrobenfeld Mikrobenfeld Mikrobenfeld
Mikrobenfeld Mikrobenfeld Mikrobenfeld Mikrobenfeld
Mikrobenfeld Mikrobenfeld Mikrobenfeld Mikrobenfeld
Mikrobenfeld Mikrobenfeld Mikrobenfeld Mikrobenfeld
Mikrobenfeld Mikrobenfeld Mikrobenfeld Mikrobenfeld
Mikrobenfeld Mikrobenfeld Mikrobenfeld Mikrobenfeld
Mikrobenfeld Mikrobenfeld Mikrobenfeld Mikrobenfeld
Mikrobenfeld Mikrobenfeld Mikrobenfeld Mikrobenfeld
Mikrobenfeld Mikrobenfeld Mikrobenfeld Mikrobenfeld
Mikrobenfeld Mikrobenfeld Mikrobenfeld Mikrobenfeld
Mikrobenfeld Mikrobenfeld Mikrobenfeld Mikrobenfeld
Mikrobenfeld Mikrobenfeld Mikrobenfeld Mikrobenfeld
Mikrobenfeld Mikrobenfeld Mikrobenfeld Mikrobenfeld
Mikrobenfeld Mikrobenfeld Mikrobenfeld
Mikrobenfeld Mikrobenfeld Mikrobenfeld
Mikrobenfeld Mikrobenfeld Mikrobenfeld Mikrobenfeld
Mikrobenfeld Mikrobenfeld Mikrobenfeld Mikrobenfeld
Mikrobenfeld Mikrobenfeld Mikrobenfeld Mikrobenfeld
Mikrobenfeld Mikrobenfeld Mikrobenfeld Mikrobenfeld
Mikrobenfeld Mikrobenfeld Mikrobenfeld Mikrobenfeld
Mikrobenfeld Mikrobenfeld Mikrobenfeld Mikrobenfeld
Mikrobenfeld Mikrobenfeld Mikrobenfeld Mikrobenfeld
Mikrobenfeld Mikrobenfeld Mikrobenfeld Mikrobenfeld
Mikrobenfeld Mikrobenfeld Mikrobenfeld Mikrobenfeld
Mikrobenfeld Mikrobenfeld Mikrobenfeld Mikrobenfeld
Mikrobenfeld Mikrobenfeld Mikrobenfeld Mikrobenfeld
Mikrobenfeld Mikrobenfeld Mikrobenfeld Mikrobenfeld
Mikrobenfeld Mikrobenfeld Mikrobenfeld Mikrobenfeld
Mikrobenfeld Mikrobenfeld Mikrobenfeld Mikrobenfeld
Mikrobenfeld Mikrobenfeld Mikrobenfeld Mikrobenfeld
Mikrobenfeld Mikrobenfeld Mikrobenfeld Mikrobenfeld

Mikrobenfeld Mikrobenfeld Mikrobenfeld Mikrobenfeld
Mikrobenfeld Mikrobenfeld Mikrobenfeld Mikrobenfeld
Mikrobenfeld Mikrobenfeld Mikrobenfeld Mikrobenfeld
Mikrobenfeld Mikrobenfeld Mikrobenfeld Mikrobenfeld
Mikrobenfeld Mikrobenfeld Mikrobenfeld
Mikrobenfeld Mikrobenfeld Mikrobenfeld
Mikrobenfeld Mikrobenfeld Mikrobenfeld Mikrobenfeld
Mikrobenfeld Mikrobenfeld Mikrobenfeld Mikrobenfeld
Mikrobenfeld Mikrobenfeld Mikrobenfeld Mikrobenfeld
Mikrobenfeld Mikrobenfeld Mikrobenfeld Mikrobenfeld
Mikrobenfeld Mikrobenfeld Mikrobenfeld Mikrobenfeld
Mikrobenfeld Mikrobenfeld Mikrobenfeld Mikrobenfeld
Mikrobenfeld Mikrobenfeld Mikrobenfeld Mikrobenfeld
Mikrobenfeld Mikrobenfeld Mikrobenfeld Mikrobenfeld
Mikrobenfeld Mikrobenfeld Mikrobenfeld Mikrobenfeld
Mikrobenfeld Mikrobenfeld Mikrobenfeld Mikrobenfeld
Mikrobenfeld Mikrobenfeld Mikrobenfeld Mikrobenfeld
Mikrobenfeld Mikrobenfeld Mikrobenfeld Mikrobenfeld
Mikrobenfeld Mikrobenfeld Mikrobenfeld Mikrobenfeld
Mikrobenfeld Mikrobenfeld Mikrobenfeld Mikrobenfeld
Mikrobenfeld Mikrobenfeld Mikrobenfeld Mikrobenfeld
Mikrobenfeld Mikrobenfeld Mikrobenfeld Mikrobenfeld
Mikrobenfeld Mikrobenfeld Mikrobenfeld Mikrobenfeld
Mikrobenfeld Mikrobenfeld Mikrobenfeld Mikrobenfeld
Mikrobenfeld Mikrobenfeld Mikrobenfeld Mikrobenfeld
Mikrobenfeld Mikrobenfeld Mikrobenfeld Mikrobenfeld
Mikrobenfeld Mikrobenfeld Mikrobenfeld
Mikrobenfeld Mikrobenfeld Mikrobenfeld
Mikrobenfeld Mikrobenfeld Mikrobenfeld Mikrobenfeld
Mikrobenfeld Mikrobenfeld Mikrobenfeld Mikrobenfeld
Mikrobenfeld Mikrobenfeld Mikrobenfeld Mikrobenfeld
Mikrobenfeld Mikrobenfeld Mikrobenfeld Mikrobenfeld
Mikrobenfeld Mikrobenfeld Mikrobenfeld Mikrobenfeld
Mikrobenfeld Mikrobenfeld Mikrobenfeld Mikrobenfeld
Mikrobenfeld Mikrobenfeld Mikrobenfeld Mikrobenfeld
Mikrobenfeld Mikrobenfeld Mikrobenfeld Mikrobenfeld
Mikrobenfeld Mikrobenfeld Mikrobenfeld Mikrobenfeld
Mikrobenfeld Mikrobenfeld Mikrobenfeld Mikrobenfeld

Mikrobenfeld Mikrobenfeld Mikrobenfeld Mikrobenfeld
Mikrobenfeld Mikrobenfeld Mikrobenfeld Mikrobenfeld
Mikrobenfeld Mikrobenfeld Mikrobenfeld Mikrobenfeld
Mikrobenfeld Mikrobenfeld Mikrobenfeld Mikrobenfeld
Mikrobenfeld Mikrobenfeld Mikrobenfeld Mikrobenfeld
Mikrobenfeld Mikrobenfeld Mikrobenfeld Mikrobenfeld
Mikrobenfeld Mikrobenfeld Mikrobenfeld Mikrobenfeld
Mikrobenfeld Mikrobenfeld Mikrobenfeld Mikrobenfeld
Mikrobenfeld Mikrobenfeld Mikrobenfeld Mikrobenfeld
Mikrobenfeld Mikrobenfeld Mikrobenfeld Mikrobenfeld
Mikrobenfeld Mikrobenfeld Mikrobenfeld
Mikrobenfeld Mikrobenfeld Mikrobenfeld
Mikrobenfeld Mikrobenfeld Mikrobenfeld Mikrobenfeld
Mikrobenfeld Mikrobenfeld Mikrobenfeld Mikrobenfeld
Mikrobenfeld Mikrobenfeld Mikrobenfeld Mikrobenfeld
Mikrobenfeld Mikrobenfeld Mikrobenfeld Mikrobenfeld
Mikrobenfeld Mikrobenfeld Mikrobenfeld Mikrobenfeld
Mikrobenfeld Mikrobenfeld Mikrobenfeld Mikrobenfeld
Mikrobenfeld Mikrobenfeld Mikrobenfeld Mikrobenfeld
Mikrobenfeld Mikrobenfeld Mikrobenfeld Mikrobenfeld
Mikrobenfeld Mikrobenfeld Mikrobenfeld Mikrobenfeld
Mikrobenfeld Mikrobenfeld Mikrobenfeld Mikrobenfeld
Mikrobenfeld Mikrobenfeld Mikrobenfeld Mikrobenfeld
Mikrobenfeld Mikrobenfeld Mikrobenfeld Mikrobenfeld
Mikrobenfeld Mikrobenfeld Mikrobenfeld Mikrobenfeld
Mikrobenfeld Mikrobenfeld Mikrobenfeld Mikrobenfeld
Mikrobenfeld Mikrobenfeld Mikrobenfeld Mikrobenfeld
Mikrobenfeld Mikrobenfeld Mikrobenfeld Mikrobenfeld
Mikrobenfeld Mikrobenfeld Mikrobenfeld Mikrobenfeld
Mikrobenfeld Mikrobenfeld Mikrobenfeld Mikrobenfeld
Mikrobenfeld Mikrobenfeld Mikrobenfeld Mikrobenfeld
Mikrobenfeld Mikrobenfeld Mikrobenfeld Mikrobenfeld
Mikrobenfeld Mikrobenfeld Mikrobenfeld
Mikrobenfeld Mikrobenfeld Mikrobenfeld
Mikrobenfeld Mikrobenfeld Mikrobenfeld Mikrobenfeld
Mikrobenfeld Mikrobenfeld Mikrobenfeld Mikrobenfeld
Mikrobenfeld Mikrobenfeld Mikrobenfeld Mikrobenfeld
Mikrobenfeld Mikrobenfeld Mikrobenfeld Mikrobenfeld

Mikrobenfeld Mikrobenfeld Mikrobenfeld Mikrobenfeld
Mikrobenfeld Mikrobenfeld Mikrobenfeld Mikrobenfeld
Mikrobenfeld Mikrobenfeld Mikrobenfeld Mikrobenfeld
Mikrobenfeld Mikrobenfeld Mikrobenfeld Mikrobenfeld
Mikrobenfeld Mikrobenfeld Mikrobenfeld Mikrobenfeld
Mikrobenfeld Mikrobenfeld Mikrobenfeld Mikrobenfeld
Mikrobenfeld Mikrobenfeld Mikrobenfeld Mikrobenfeld
Mikrobenfeld Mikrobenfeld Mikrobenfeld Mikrobenfeld
Mikrobenfeld Mikrobenfeld Mikrobenfeld Mikrobenfeld
Mikrobenfeld Mikrobenfeld Mikrobenfeld Mikrobenfeld
Mikrobenfeld Mikrobenfeld Mikrobenfeld Mikrobenfeld
Mikrobenfeld Mikrobenfeld Mikrobenfeld Mikrobenfeld
Mikrobenfeld Mikrobenfeld Mikrobenfeld Mikrobenfeld
Mikrobenfeld Mikrobenfeld Mikrobenfeld Mikrobenfeld
Mikrobenfeld Mikrobenfeld Mikrobenfeld Mikrobenfeld
Mikrobenfeld Mikrobenfeld Mikrobenfeld Mikrobenfeld
Mikrobenfeld Mikrobenfeld Mikrobenfeld
Mikrobenfeld Mikrobenfeld Mikrobenfeld
Mikrobenfeld Mikrobenfeld Mikrobenfeld Mikrobenfeld
Mikrobenfeld Mikrobenfeld Mikrobenfeld Mikrobenfeld
Mikrobenfeld Mikrobenfeld Mikrobenfeld Mikrobenfeld
Mikrobenfeld Mikrobenfeld Mikrobenfeld Mikrobenfeld
Mikrobenfeld Mikrobenfeld Mikrobenfeld Mikrobenfeld
Mikrobenfeld Mikrobenfeld Mikrobenfeld Mikrobenfeld
Mikrobenfeld Mikrobenfeld Mikrobenfeld Mikrobenfeld
Mikrobenfeld Mikrobenfeld Mikrobenfeld Mikrobenfeld
Mikrobenfeld Mikrobenfeld Mikrobenfeld Mikrobenfeld
Mikrobenfeld Mikrobenfeld Mikrobenfeld Mikrobenfeld
Mikrobenfeld Mikrobenfeld Mikrobenfeld Mikrobenfeld
Mikrobenfeld Mikrobenfeld Mikrobenfeld Mikrobenfeld
Mikrobenfeld Mikrobenfeld Mikrobenfeld Mikrobenfeld
Mikrobenfeld Mikrobenfeld Mikrobenfeld Mikrobenfeld
Mikrobenfeld Mikrobenfeld Mikrobenfeld Mikrobenfeld
Mikrobenfeld Mikrobenfeld Mikrobenfeld Mikrobenfeld
Mikrobenfeld Mikrobenfeld Mikrobenfeld Mikrobenfeld
Mikrobenfeld Mikrobenfeld Mikrobenfeld Mikrobenfeld
Mikrobenfeld Mikrobenfeld Mikrobenfeld Mikrobenfeld
Mikrobenfeld Mikrobenfeld Mikrobenfeld Mikrobenfeld

Mikrobenfeld Mikrobenfeld Mikrobenfeld
Mikrobenfeld Mikrobenfeld Mikrobenfeld
Mikrobenfeld Mikrobenfeld Mikrobenfeld Mikrobenfeld
Mikrobenfeld Mikrobenfeld Mikrobenfeld Mikrobenfeld
Mikrobenfeld Mikrobenfeld Mikrobenfeld Mikrobenfeld
Mikrobenfeld Mikrobenfeld Mikrobenfeld Mikrobenfeld
Mikrobenfeld Mikrobenfeld Mikrobenfeld Mikrobenfeld
Mikrobenfeld Mikrobenfeld Mikrobenfeld Mikrobenfeld
Mikrobenfeld Mikrobenfeld Mikrobenfeld Mikrobenfeld
Mikrobenfeld Mikrobenfeld Mikrobenfeld Mikrobenfeld
Mikrobenfeld Mikrobenfeld Mikrobenfeld Mikrobenfeld
Mikrobenfeld Mikrobenfeld Mikrobenfeld Mikrobenfeld
Mikrobenfeld Mikrobenfeld Mikrobenfeld Mikrobenfeld
Mikrobenfeld Mikrobenfeld Mikrobenfeld Mikrobenfeld
Mikrobenfeld Mikrobenfeld Mikrobenfeld Mikrobenfeld
Mikrobenfeld Mikrobenfeld Mikrobenfeld Mikrobenfeld
Mikrobenfeld Mikrobenfeld Mikrobenfeld Mikrobenfeld
Mikrobenfeld Mikrobenfeld Mikrobenfeld Mikrobenfeld
Mikrobenfeld Mikrobenfeld Mikrobenfeld Mikrobenfeld
Mikrobenfeld Mikrobenfeld Mikrobenfeld Mikrobenfeld
Mikrobenfeld Mikrobenfeld Mikrobenfeld Mikrobenfeld
Mikrobenfeld Mikrobenfeld Mikrobenfeld Mikrobenfeld
Mikrobenfeld Mikrobenfeld Mikrobenfeld
Mikrobenfeld Mikrobenfeld Mikrobenfeld
Mikrobenfeld Mikrobenfeld Mikrobenfeld Mikrobenfeld
Mikrobenfeld Mikrobenfeld Mikrobenfeld Mikrobenfeld
Mikrobenfeld Mikrobenfeld Mikrobenfeld Mikrobenfeld
Mikrobenfeld Mikrobenfeld Mikrobenfeld Mikrobenfeld
Mikrobenfeld Mikrobenfeld Mikrobenfeld Mikrobenfeld
Mikrobenfeld Mikrobenfeld Mikrobenfeld Mikrobenfeld
Mikrobenfeld Mikrobenfeld Mikrobenfeld Mikrobenfeld
Mikrobenfeld Mikrobenfeld Mikrobenfeld Mikrobenfeld
Mikrobenfeld Mikrobenfeld Mikrobenfeld Mikrobenfeld
Mikrobenfeld Mikrobenfeld Mikrobenfeld Mikrobenfeld
Mikrobenfeld Mikrobenfeld Mikrobenfeld Mikrobenfeld
Mikrobenfeld Mikrobenfeld Mikrobenfeld Mikrobenfeld
Mikrobenfeld Mikrobenfeld Mikrobenfeld Mikrobenfeld
Mikrobenfeld Mikrobenfeld Mikrobenfeld Mikrobenfeld

Mikrobenfeld Mikrobenfeld Mikrobenfeld Mikrobenfeld
Mikrobenfeld Mikrobenfeld Mikrobenfeld Mikrobenfeld
Mikrobenfeld Mikrobenfeld Mikrobenfeld Mikrobenfeld
Mikrobenfeld Mikrobenfeld Mikrobenfeld Mikrobenfeld
Mikrobenfeld Mikrobenfeld Mikrobenfeld Mikrobenfeld
Mikrobenfeld Mikrobenfeld Mikrobenfeld Mikrobenfeld
Mikrobenfeld Mikrobenfeld Mikrobenfeld
Mikrobenfeld Mikrobenfeld Mikrobenfeld
Mikrobenfeld Mikrobenfeld Mikrobenfeld Mikrobenfeld
Mikrobenfeld Mikrobenfeld Mikrobenfeld Mikrobenfeld
Mikrobenfeld Mikrobenfeld Mikrobenfeld Mikrobenfeld
Mikrobenfeld Mikrobenfeld Mikrobenfeld Mikrobenfeld
Mikrobenfeld Mikrobenfeld Mikrobenfeld Mikrobenfeld
Mikrobenfeld Mikrobenfeld Mikrobenfeld Mikrobenfeld
Mikrobenfeld Mikrobenfeld Mikrobenfeld Mikrobenfeld
Mikrobenfeld Mikrobenfeld Mikrobenfeld Mikrobenfeld
Mikrobenfeld Mikrobenfeld Mikrobenfeld Mikrobenfeld
Mikrobenfeld Mikrobenfeld Mikrobenfeld Mikrobenfeld
Mikrobenfeld Mikrobenfeld Mikrobenfeld Mikrobenfeld
Mikrobenfeld Mikrobenfeld Mikrobenfeld Mikrobenfeld
Mikrobenfeld Mikrobenfeld Mikrobenfeld Mikrobenfeld
Mikrobenfeld Mikrobenfeld Mikrobenfeld Mikrobenfeld
Mikrobenfeld Mikrobenfeld Mikrobenfeld Mikrobenfeld
Mikrobenfeld Mikrobenfeld Mikrobenfeld Mikrobenfeld
Mikrobenfeld Mikrobenfeld Mikrobenfeld Mikrobenfeld
Mikrobenfeld Mikrobenfeld Mikrobenfeld Mikrobenfeld
Mikrobenfeld Mikrobenfeld Mikrobenfeld Mikrobenfeld
Mikrobenfeld Mikrobenfeld Mikrobenfeld Mikrobenfeld
Mikrobenfeld Mikrobenfeld Mikrobenfeld
Mikrobenfeld Mikrobenfeld Mikrobenfeld
Mikrobenfeld Mikrobenfeld Mikrobenfeld Mikrobenfeld
Mikrobenfeld Mikrobenfeld Mikrobenfeld Mikrobenfeld
Mikrobenfeld Mikrobenfeld Mikrobenfeld Mikrobenfeld
Mikrobenfeld Mikrobenfeld Mikrobenfeld Mikrobenfeld
Mikrobenfeld Mikrobenfeld Mikrobenfeld Mikrobenfeld
Mikrobenfeld Mikrobenfeld Mikrobenfeld Mikrobenfeld
Mikrobenfeld Mikrobenfeld Mikrobenfeld Mikrobenfeld
Mikrobenfeld Mikrobenfeld Mikrobenfeld Mikrobenfeld

Mikrobenfeld Mikrobenfeld Mikrobenfeld Mikrobenfeld
Mikrobenfeld Mikrobenfeld Mikrobenfeld Mikrobenfeld
Mikrobenfeld Mikrobenfeld Mikrobenfeld Mikrobenfeld
Mikrobenfeld Mikrobenfeld Mikrobenfeld Mikrobenfeld
Mikrobenfeld Mikrobenfeld Mikrobenfeld Mikrobenfeld
Mikrobenfeld Mikrobenfeld Mikrobenfeld Mikrobenfeld
Mikrobenfeld Mikrobenfeld Mikrobenfeld Mikrobenfeld
Mikrobenfeld Mikrobenfeld Mikrobenfeld Mikrobenfeld
Mikrobenfeld Mikrobenfeld Mikrobenfeld Mikrobenfeld
Mikrobenfeld Mikrobenfeld Mikrobenfeld Mikrobenfeld
Mikrobenfeld Mikrobenfeld Mikrobenfeld Mikrobenfeld
Mikrobenfeld Mikrobenfeld Mikrobenfeld Mikrobenfeld
Mikrobenfeld Mikrobenfeld Mikrobenfeld
Mikrobenfeld Mikrobenfeld Mikrobenfeld
Mikrobenfeld Mikrobenfeld Mikrobenfeld Mikrobenfeld
Mikrobenfeld Mikrobenfeld Mikrobenfeld Mikrobenfeld
Mikrobenfeld Mikrobenfeld Mikrobenfeld Mikrobenfeld
Mikrobenfeld Mikrobenfeld Mikrobenfeld Mikrobenfeld
Mikrobenfeld Mikrobenfeld Mikrobenfeld Mikrobenfeld
Mikrobenfeld Mikrobenfeld Mikrobenfeld Mikrobenfeld
Mikrobenfeld Mikrobenfeld Mikrobenfeld Mikrobenfeld
Mikrobenfeld Mikrobenfeld Mikrobenfeld Mikrobenfeld
Mikrobenfeld Mikrobenfeld Mikrobenfeld Mikrobenfeld
Mikrobenfeld Mikrobenfeld Mikrobenfeld Mikrobenfeld
Mikrobenfeld Mikrobenfeld Mikrobenfeld Mikrobenfeld
Mikrobenfeld Mikrobenfeld Mikrobenfeld Mikrobenfeld
Mikrobenfeld Mikrobenfeld Mikrobenfeld Mikrobenfeld
Mikrobenfeld Mikrobenfeld Mikrobenfeld Mikrobenfeld
Mikrobenfeld Mikrobenfeld Mikrobenfeld Mikrobenfeld
Mikrobenfeld Mikrobenfeld Mikrobenfeld Mikrobenfeld
Mikrobenfeld Mikrobenfeld Mikrobenfeld Mikrobenfeld
Mikrobenfeld Mikrobenfeld Mikrobenfeld Mikrobenfeld
Mikrobenfeld Mikrobenfeld Mikrobenfeld Mikrobenfeld
Mikrobenfeld Mikrobenfeld Mikrobenfeld Mikrobenfeld
Mikrobenfeld Mikrobenfeld Mikrobenfeld
Mikrobenfeld Mikrobenfeld Mikrobenfeld
Mikrobenfeld Mikrobenfeld Mikrobenfeld Mikrobenfeld
Mikrobenfeld Mikrobenfeld Mikrobenfeld Mikrobenfeld

Mikrobenfeld Mikrobenfeld Mikrobenfeld Mikrobenfeld
Mikrobenfeld Mikrobenfeld Mikrobenfeld Mikrobenfeld
Mikrobenfeld Mikrobenfeld Mikrobenfeld Mikrobenfeld
Mikrobenfeld Mikrobenfeld Mikrobenfeld Mikrobenfeld
Mikrobenfeld Mikrobenfeld Mikrobenfeld Mikrobenfeld
Mikrobenfeld Mikrobenfeld Mikrobenfeld Mikrobenfeld
Mikrobenfeld Mikrobenfeld Mikrobenfeld Mikrobenfeld
Mikrobenfeld Mikrobenfeld Mikrobenfeld Mikrobenfeld
Mikrobenfeld Mikrobenfeld Mikrobenfeld Mikrobenfeld
Mikrobenfeld Mikrobenfeld Mikrobenfeld Mikrobenfeld
Mikrobenfeld Mikrobenfeld Mikrobenfeld Mikrobenfeld
Mikrobenfeld Mikrobenfeld Mikrobenfeld Mikrobenfeld
Mikrobenfeld Mikrobenfeld Mikrobenfeld Mikrobenfeld
Mikrobenfeld Mikrobenfeld Mikrobenfeld Mikrobenfeld
Mikrobenfeld Mikrobenfeld Mikrobenfeld Mikrobenfeld
Mikrobenfeld Mikrobenfeld Mikrobenfeld Mikrobenfeld
Mikrobenfeld Mikrobenfeld Mikrobenfeld Mikrobenfeld
Mikrobenfeld Mikrobenfeld Mikrobenfeld Mikrobenfeld
Mikrobenfeld Mikrobenfeld Mikrobenfeld
Mikrobenfeld Mikrobenfeld Mikrobenfeld
Mikrobenfeld Mikrobenfeld Mikrobenfeld Mikrobenfeld
Mikrobenfeld Mikrobenfeld Mikrobenfeld Mikrobenfeld
Mikrobenfeld Mikrobenfeld Mikrobenfeld Mikrobenfeld
Mikrobenfeld Mikrobenfeld Mikrobenfeld Mikrobenfeld
Mikrobenfeld Mikrobenfeld Mikrobenfeld Mikrobenfeld
Mikrobenfeld Mikrobenfeld Mikrobenfeld Mikrobenfeld
Mikrobenfeld Mikrobenfeld Mikrobenfeld Mikrobenfeld
Mikrobenfeld Mikrobenfeld Mikrobenfeld Mikrobenfeld
Mikrobenfeld Mikrobenfeld Mikrobenfeld Mikrobenfeld
Mikrobenfeld Mikrobenfeld Mikrobenfeld Mikrobenfeld
Mikrobenfeld Mikrobenfeld Mikrobenfeld Mikrobenfeld
Mikrobenfeld Mikrobenfeld Mikrobenfeld Mikrobenfeld
Mikrobenfeld Mikrobenfeld Mikrobenfeld Mikrobenfeld
Mikrobenfeld Mikrobenfeld Mikrobenfeld Mikrobenfeld
Mikrobenfeld Mikrobenfeld Mikrobenfeld Mikrobenfeld
Mikrobenfeld Mikrobenfeld Mikrobenfeld Mikrobenfeld
Mikrobenfeld Mikrobenfeld Mikrobenfeld Mikrobenfeld
Mikrobenfeld Mikrobenfeld Mikrobenfeld Mikrobenfeld

Mikrobenfeld Mikrobenfeld Mikrobenfeld Mikrobenfeld
Mikrobenfeld Mikrobenfeld Mikrobenfeld Mikrobenfeld
Mikrobenfeld Mikrobenfeld Mikrobenfeld
Mikrobenfeld Mikrobenfeld Mikrobenfeld
Mikrobenfeld Mikrobenfeld Mikrobenfeld Mikrobenfeld
Mikrobenfeld Mikrobenfeld Mikrobenfeld Mikrobenfeld
Mikrobenfeld Mikrobenfeld Mikrobenfeld Mikrobenfeld
Mikrobenfeld Mikrobenfeld Mikrobenfeld Mikrobenfeld
Mikrobenfeld Mikrobenfeld Mikrobenfeld Mikrobenfeld
Mikrobenfeld Mikrobenfeld Mikrobenfeld Mikrobenfeld
Mikrobenfeld Mikrobenfeld Mikrobenfeld Mikrobenfeld
Mikrobenfeld Mikrobenfeld Mikrobenfeld Mikrobenfeld
Mikrobenfeld Mikrobenfeld Mikrobenfeld Mikrobenfeld
Mikrobenfeld Mikrobenfeld Mikrobenfeld Mikrobenfeld
Mikrobenfeld Mikrobenfeld Mikrobenfeld Mikrobenfeld
Mikrobenfeld Mikrobenfeld Mikrobenfeld Mikrobenfeld
Mikrobenfeld Mikrobenfeld Mikrobenfeld Mikrobenfeld
Mikrobenfeld Mikrobenfeld Mikrobenfeld Mikrobenfeld
Mikrobenfeld Mikrobenfeld Mikrobenfeld Mikrobenfeld
Mikrobenfeld Mikrobenfeld Mikrobenfeld Mikrobenfeld
Mikrobenfeld Mikrobenfeld Mikrobenfeld Mikrobenfeld
Mikrobenfeld Mikrobenfeld Mikrobenfeld Mikrobenfeld
Mikrobenfeld Mikrobenfeld Mikrobenfeld Mikrobenfeld
Mikrobenfeld Mikrobenfeld Mikrobenfeld Mikrobenfeld
Mikrobenfeld Mikrobenfeld Mikrobenfeld
Mikrobenfeld Mikrobenfeld Mikrobenfeld
Mikrobenfeld Mikrobenfeld Mikrobenfeld Mikrobenfeld
Mikrobenfeld Mikrobenfeld Mikrobenfeld Mikrobenfeld
Mikrobenfeld Mikrobenfeld Mikrobenfeld Mikrobenfeld
Mikrobenfeld Mikrobenfeld Mikrobenfeld Mikrobenfeld
Mikrobenfeld Mikrobenfeld Mikrobenfeld Mikrobenfeld
Mikrobenfeld Mikrobenfeld Mikrobenfeld Mikrobenfeld
Mikrobenfeld Mikrobenfeld Mikrobenfeld Mikrobenfeld
Mikrobenfeld Mikrobenfeld Mikrobenfeld Mikrobenfeld
Mikrobenfeld Mikrobenfeld Mikrobenfeld Mikrobenfeld
Mikrobenfeld Mikrobenfeld Mikrobenfeld Mikrobenfeld
Mikrobenfeld Mikrobenfeld Mikrobenfeld Mikrobenfeld
Mikrobenfeld Mikrobenfeld Mikrobenfeld Mikrobenfeld

Mikrobenfeld Mikrobenfeld Mikrobenfeld Mikrobenfeld
Mikrobenfeld Mikrobenfeld Mikrobenfeld Mikrobenfeld
Mikrobenfeld Mikrobenfeld Mikrobenfeld Mikrobenfeld
Mikrobenfeld Mikrobenfeld Mikrobenfeld Mikrobenfeld
Mikrobenfeld Mikrobenfeld Mikrobenfeld Mikrobenfeld
Mikrobenfeld Mikrobenfeld Mikrobenfeld Mikrobenfeld
Mikrobenfeld Mikrobenfeld Mikrobenfeld Mikrobenfeld
Mikrobenfeld Mikrobenfeld Mikrobenfeld Mikrobenfeld
Mikrobenfeld Mikrobenfeld Mikrobenfeld
Mikrobenfeld Mikrobenfeld Mikrobenfeld
Mikrobenfeld Mikrobenfeld Mikrobenfeld Mikrobenfeld
Mikrobenfeld Mikrobenfeld Mikrobenfeld Mikrobenfeld
Mikrobenfeld Mikrobenfeld Mikrobenfeld Mikrobenfeld
Mikrobenfeld Mikrobenfeld Mikrobenfeld Mikrobenfeld
Mikrobenfeld Mikrobenfeld Mikrobenfeld Mikrobenfeld
Mikrobenfeld Mikrobenfeld Mikrobenfeld Mikrobenfeld
Mikrobenfeld Mikrobenfeld Mikrobenfeld Mikrobenfeld
Mikrobenfeld Mikrobenfeld Mikrobenfeld Mikrobenfeld
Mikrobenfeld Mikrobenfeld Mikrobenfeld Mikrobenfeld
Mikrobenfeld Mikrobenfeld Mikrobenfeld Mikrobenfeld
Mikrobenfeld Mikrobenfeld Mikrobenfeld Mikrobenfeld
Mikrobenfeld Mikrobenfeld Mikrobenfeld Mikrobenfeld
Mikrobenfeld Mikrobenfeld Mikrobenfeld Mikrobenfeld
Mikrobenfeld Mikrobenfeld Mikrobenfeld Mikrobenfeld
Mikrobenfeld Mikrobenfeld Mikrobenfeld Mikrobenfeld
Mikrobenfeld Mikrobenfeld Mikrobenfeld Mikrobenfeld
Mikrobenfeld Mikrobenfeld Mikrobenfeld Mikrobenfeld
Mikrobenfeld Mikrobenfeld Mikrobenfeld Mikrobenfeld
Mikrobenfeld Mikrobenfeld Mikrobenfeld Mikrobenfeld
Mikrobenfeld Mikrobenfeld Mikrobenfeld
Mikrobenfeld Mikrobenfeld Mikrobenfeld
Mikrobenfeld Mikrobenfeld Mikrobenfeld Mikrobenfeld
Mikrobenfeld Mikrobenfeld Mikrobenfeld Mikrobenfeld
Mikrobenfeld Mikrobenfeld Mikrobenfeld Mikrobenfeld
Mikrobenfeld Mikrobenfeld Mikrobenfeld Mikrobenfeld
Mikrobenfeld Mikrobenfeld Mikrobenfeld Mikrobenfeld
Mikrobenfeld Mikrobenfeld Mikrobenfeld Mikrobenfeld

Mikrobenfeld Mikrobenfeld Mikrobenfeld Mikrobenfeld
Mikrobenfeld Mikrobenfeld Mikrobenfeld Mikrobenfeld
Mikrobenfeld Mikrobenfeld Mikrobenfeld Mikrobenfeld
Mikrobenfeld Mikrobenfeld Mikrobenfeld Mikrobenfeld
Mikrobenfeld Mikrobenfeld Mikrobenfeld Mikrobenfeld
Mikrobenfeld Mikrobenfeld Mikrobenfeld Mikrobenfeld
Mikrobenfeld Mikrobenfeld Mikrobenfeld Mikrobenfeld
Mikrobenfeld Mikrobenfeld Mikrobenfeld Mikrobenfeld
Mikrobenfeld Mikrobenfeld Mikrobenfeld Mikrobenfeld
Mikrobenfeld Mikrobenfeld Mikrobenfeld Mikrobenfeld
Mikrobenfeld Mikrobenfeld Mikrobenfeld Mikrobenfeld
Mikrobenfeld Mikrobenfeld Mikrobenfeld Mikrobenfeld
Mikrobenfeld Mikrobenfeld Mikrobenfeld Mikrobenfeld
Mikrobenfeld Mikrobenfeld Mikrobenfeld Mikrobenfeld
Mikrobenfeld Mikrobenfeld Mikrobenfeld
Mikrobenfeld Mikrobenfeld Mikrobenfeld
Mikrobenfeld Mikrobenfeld Mikrobenfeld Mikrobenfeld
Mikrobenfeld Mikrobenfeld Mikrobenfeld Mikrobenfeld
Mikrobenfeld Mikrobenfeld Mikrobenfeld Mikrobenfeld
Mikrobenfeld Mikrobenfeld Mikrobenfeld Mikrobenfeld
Mikrobenfeld Mikrobenfeld Mikrobenfeld Mikrobenfeld
Mikrobenfeld Mikrobenfeld Mikrobenfeld Mikrobenfeld
Mikrobenfeld Mikrobenfeld Mikrobenfeld Mikrobenfeld
Mikrobenfeld Mikrobenfeld Mikrobenfeld Mikrobenfeld
Mikrobenfeld Mikrobenfeld Mikrobenfeld Mikrobenfeld
Mikrobenfeld Mikrobenfeld Mikrobenfeld Mikrobenfeld
Mikrobenfeld Mikrobenfeld Mikrobenfeld Mikrobenfeld
Mikrobenfeld Mikrobenfeld Mikrobenfeld Mikrobenfeld
Mikrobenfeld Mikrobenfeld Mikrobenfeld Mikrobenfeld
Mikrobenfeld Mikrobenfeld Mikrobenfeld Mikrobenfeld
Mikrobenfeld Mikrobenfeld Mikrobenfeld Mikrobenfeld
Mikrobenfeld Mikrobenfeld Mikrobenfeld Mikrobenfeld
Mikrobenfeld Mikrobenfeld Mikrobenfeld Mikrobenfeld
Mikrobenfeld Mikrobenfeld Mikrobenfeld Mikrobenfeld
Mikrobenfeld Mikrobenfeld Mikrobenfeld Mikrobenfeld
Mikrobenfeld Mikrobenfeld Mikrobenfeld Mikrobenfeld
Mikrobenfeld Mikrobenfeld Mikrobenfeld
Mikrobenfeld Mikrobenfeld Mikrobenfeld

Mikrobenfeld Mikrobenfeld Mikrobenfeld Mikrobenfeld
Mikrobenfeld Mikrobenfeld Mikrobenfeld Mikrobenfeld
Mikrobenfeld Mikrobenfeld Mikrobenfeld Mikrobenfeld
Mikrobenfeld Mikrobenfeld Mikrobenfeld Mikrobenfeld
Mikrobenfeld Mikrobenfeld Mikrobenfeld Mikrobenfeld
Mikrobenfeld Mikrobenfeld Mikrobenfeld Mikrobenfeld
Mikrobenfeld Mikrobenfeld Mikrobenfeld Mikrobenfeld
Mikrobenfeld Mikrobenfeld Mikrobenfeld Mikrobenfeld
Mikrobenfeld Mikrobenfeld Mikrobenfeld Mikrobenfeld
Mikrobenfeld Mikrobenfeld Mikrobenfeld Mikrobenfeld
Mikrobenfeld Mikrobenfeld Mikrobenfeld Mikrobenfeld
Mikrobenfeld Mikrobenfeld Mikrobenfeld Mikrobenfeld
Mikrobenfeld Mikrobenfeld Mikrobenfeld Mikrobenfeld
Mikrobenfeld Mikrobenfeld Mikrobenfeld Mikrobenfeld
Mikrobenfeld Mikrobenfeld Mikrobenfeld Mikrobenfeld
Mikrobenfeld Mikrobenfeld Mikrobenfeld Mikrobenfeld
Mikrobenfeld Mikrobenfeld Mikrobenfeld Mikrobenfeld
Mikrobenfeld Mikrobenfeld Mikrobenfeld Mikrobenfeld
Mikrobenfeld Mikrobenfeld Mikrobenfeld Mikrobenfeld
Mikrobenfeld Mikrobenfeld Mikrobenfeld Mikrobenfeld
Mikrobenfeld Mikrobenfeld Mikrobenfeld
Mikrobenfeld Mikrobenfeld Mikrobenfeld
Mikrobenfeld Mikrobenfeld Mikrobenfeld Mikrobenfeld
Mikrobenfeld Mikrobenfeld Mikrobenfeld Mikrobenfeld
Mikrobenfeld Mikrobenfeld Mikrobenfeld Mikrobenfeld
Mikrobenfeld Mikrobenfeld Mikrobenfeld Mikrobenfeld
Mikrobenfeld Mikrobenfeld Mikrobenfeld Mikrobenfeld
Mikrobenfeld Mikrobenfeld Mikrobenfeld Mikrobenfeld
Mikrobenfeld Mikrobenfeld Mikrobenfeld Mikrobenfeld
Mikrobenfeld Mikrobenfeld Mikrobenfeld Mikrobenfeld
Mikrobenfeld Mikrobenfeld Mikrobenfeld Mikrobenfeld
Mikrobenfeld Mikrobenfeld Mikrobenfeld Mikrobenfeld
Mikrobenfeld Mikrobenfeld Mikrobenfeld Mikrobenfeld
Mikrobenfeld Mikrobenfeld Mikrobenfeld Mikrobenfeld
Mikrobenfeld Mikrobenfeld Mikrobenfeld Mikrobenfeld
Mikrobenfeld Mikrobenfeld Mikrobenfeld Mikrobenfeld
Mikrobenfeld Mikrobenfeld Mikrobenfeld Mikrobenfeld
Mikrobenfeld Mikrobenfeld Mikrobenfeld Mikrobenfeld

Mikrobenfeld Mikrobenfeld Mikrobenfeld Mikrobenfeld
Mikrobenfeld Mikrobenfeld Mikrobenfeld Mikrobenfeld
Mikrobenfeld Mikrobenfeld Mikrobenfeld Mikrobenfeld
Mikrobenfeld Mikrobenfeld Mikrobenfeld Mikrobenfeld
Mikrobenfeld Mikrobenfeld Mikrobenfeld
Mikrobenfeld Mikrobenfeld Mikrobenfeld
Mikrobenfeld Mikrobenfeld Mikrobenfeld Mikrobenfeld
Mikrobenfeld Mikrobenfeld Mikrobenfeld Mikrobenfeld
Mikrobenfeld Mikrobenfeld Mikrobenfeld Mikrobenfeld
Mikrobenfeld Mikrobenfeld Mikrobenfeld Mikrobenfeld
Mikrobenfeld Mikrobenfeld Mikrobenfeld Mikrobenfeld
Mikrobenfeld Mikrobenfeld Mikrobenfeld Mikrobenfeld
Mikrobenfeld Mikrobenfeld Mikrobenfeld Mikrobenfeld
Mikrobenfeld Mikrobenfeld Mikrobenfeld Mikrobenfeld
Mikrobenfeld Mikrobenfeld Mikrobenfeld Mikrobenfeld
Mikrobenfeld Mikrobenfeld Mikrobenfeld Mikrobenfeld
Mikrobenfeld Mikrobenfeld Mikrobenfeld Mikrobenfeld
Mikrobenfeld Mikrobenfeld Mikrobenfeld Mikrobenfeld
Mikrobenfeld Mikrobenfeld Mikrobenfeld Mikrobenfeld
Mikrobenfeld Mikrobenfeld Mikrobenfeld Mikrobenfeld
Mikrobenfeld Mikrobenfeld Mikrobenfeld Mikrobenfeld
Mikrobenfeld Mikrobenfeld Mikrobenfeld Mikrobenfeld
Mikrobenfeld Mikrobenfeld Mikrobenfeld Mikrobenfeld
Mikrobenfeld Mikrobenfeld Mikrobenfeld Mikrobenfeld
Mikrobenfeld Mikrobenfeld Mikrobenfeld Mikrobenfeld
Mikrobenfeld Mikrobenfeld Mikrobenfeld Mikrobenfeld
Mikrobenfeld Mikrobenfeld Mikrobenfeld
Mikrobenfeld Mikrobenfeld Mikrobenfeld
Mikrobenfeld Mikrobenfeld Mikrobenfeld Mikrobenfeld
Mikrobenfeld Mikrobenfeld Mikrobenfeld Mikrobenfeld
Mikrobenfeld Mikrobenfeld Mikrobenfeld Mikrobenfeld
Mikrobenfeld Mikrobenfeld Mikrobenfeld Mikrobenfeld
Mikrobenfeld Mikrobenfeld Mikrobenfeld Mikrobenfeld
Mikrobenfeld Mikrobenfeld Mikrobenfeld Mikrobenfeld
Mikrobenfeld Mikrobenfeld Mikrobenfeld Mikrobenfeld
Mikrobenfeld Mikrobenfeld Mikrobenfeld Mikrobenfeld
Mikrobenfeld Mikrobenfeld Mikrobenfeld Mikrobenfeld
Mikrobenfeld Mikrobenfeld Mikrobenfeld Mikrobenfeld

Mikrobenfeld Mikrobenfeld Mikrobenfeld Mikrobenfeld
Mikrobenfeld Mikrobenfeld Mikrobenfeld Mikrobenfeld
Mikrobenfeld Mikrobenfeld Mikrobenfeld Mikrobenfeld
Mikrobenfeld Mikrobenfeld Mikrobenfeld Mikrobenfeld
Mikrobenfeld Mikrobenfeld Mikrobenfeld Mikrobenfeld
Mikrobenfeld Mikrobenfeld Mikrobenfeld Mikrobenfeld
Mikrobenfeld Mikrobenfeld Mikrobenfeld Mikrobenfeld
Mikrobenfeld Mikrobenfeld Mikrobenfeld Mikrobenfeld
Mikrobenfeld Mikrobenfeld Mikrobenfeld Mikrobenfeld
Mikrobenfeld Mikrobenfeld Mikrobenfeld Mikrobenfeld
Mikrobenfeld Mikrobenfeld Mikrobenfeld
Mikrobenfeld Mikrobenfeld Mikrobenfeld
Mikrobenfeld Mikrobenfeld Mikrobenfeld Mikrobenfeld
Mikrobenfeld Mikrobenfeld Mikrobenfeld Mikrobenfeld
Mikrobenfeld Mikrobenfeld Mikrobenfeld Mikrobenfeld
Mikrobenfeld Mikrobenfeld Mikrobenfeld Mikrobenfeld
Mikrobenfeld Mikrobenfeld Mikrobenfeld Mikrobenfeld
Mikrobenfeld Mikrobenfeld Mikrobenfeld Mikrobenfeld
Mikrobenfeld Mikrobenfeld Mikrobenfeld Mikrobenfeld
Mikrobenfeld Mikrobenfeld Mikrobenfeld Mikrobenfeld
Mikrobenfeld Mikrobenfeld Mikrobenfeld Mikrobenfeld
Mikrobenfeld Mikrobenfeld Mikrobenfeld Mikrobenfeld
Mikrobenfeld Mikrobenfeld Mikrobenfeld Mikrobenfeld
Mikrobenfeld Mikrobenfeld Mikrobenfeld Mikrobenfeld
Mikrobenfeld Mikrobenfeld Mikrobenfeld Mikrobenfeld
Mikrobenfeld Mikrobenfeld Mikrobenfeld Mikrobenfeld
Mikrobenfeld Mikrobenfeld Mikrobenfeld Mikrobenfeld
Mikrobenfeld Mikrobenfeld Mikrobenfeld Mikrobenfeld
Mikrobenfeld Mikrobenfeld Mikrobenfeld Mikrobenfeld
Mikrobenfeld Mikrobenfeld Mikrobenfeld Mikrobenfeld
Mikrobenfeld Mikrobenfeld Mikrobenfeld Mikrobenfeld
Mikrobenfeld Mikrobenfeld Mikrobenfeld Mikrobenfeld
Mikrobenfeld Mikrobenfeld Mikrobenfeld Mikrobenfeld
Mikrobenfeld Mikrobenfeld Mikrobenfeld
Mikrobenfeld Mikrobenfeld Mikrobenfeld
Mikrobenfeld Mikrobenfeld Mikrobenfeld Mikrobenfeld
Mikrobenfeld Mikrobenfeld Mikrobenfeld Mikrobenfeld
Mikrobenfeld Mikrobenfeld Mikrobenfeld Mikrobenfeld
Mikrobenfeld Mikrobenfeld Mikrobenfeld Mikrobenfeld

Mikrobenfeld Mikrobenfeld Mikrobenfeld Mikrobenfeld
Mikrobenfeld Mikrobenfeld Mikrobenfeld Mikrobenfeld
Mikrobenfeld Mikrobenfeld Mikrobenfeld Mikrobenfeld
Mikrobenfeld Mikrobenfeld Mikrobenfeld Mikrobenfeld
Mikrobenfeld Mikrobenfeld Mikrobenfeld Mikrobenfeld
Mikrobenfeld Mikrobenfeld Mikrobenfeld Mikrobenfeld
Mikrobenfeld Mikrobenfeld Mikrobenfeld Mikrobenfeld
Mikrobenfeld Mikrobenfeld Mikrobenfeld Mikrobenfeld
Mikrobenfeld Mikrobenfeld Mikrobenfeld Mikrobenfeld
Mikrobenfeld Mikrobenfeld Mikrobenfeld Mikrobenfeld
Mikrobenfeld Mikrobenfeld Mikrobenfeld Mikrobenfeld
Mikrobenfeld Mikrobenfeld Mikrobenfeld Mikrobenfeld
Mikrobenfeld Mikrobenfeld Mikrobenfeld Mikrobenfeld
Mikrobenfeld Mikrobenfeld Mikrobenfeld Mikrobenfeld
Mikrobenfeld Mikrobenfeld Mikrobenfeld Mikrobenfeld
Mikrobenfeld Mikrobenfeld Mikrobenfeld Mikrobenfeld
Mikrobenfeld Mikrobenfeld Mikrobenfeld
Mikrobenfeld Mikrobenfeld Mikrobenfeld
Mikrobenfeld Mikrobenfeld Mikrobenfeld Mikrobenfeld
Mikrobenfeld Mikrobenfeld Mikrobenfeld Mikrobenfeld
Mikrobenfeld Mikrobenfeld Mikrobenfeld Mikrobenfeld
Mikrobenfeld Mikrobenfeld Mikrobenfeld Mikrobenfeld
Mikrobenfeld Mikrobenfeld Mikrobenfeld Mikrobenfeld
Mikrobenfeld Mikrobenfeld Mikrobenfeld Mikrobenfeld
Mikrobenfeld Mikrobenfeld Mikrobenfeld Mikrobenfeld
Mikrobenfeld Mikrobenfeld Mikrobenfeld Mikrobenfeld
Mikrobenfeld Mikrobenfeld Mikrobenfeld Mikrobenfeld
Mikrobenfeld Mikrobenfeld Mikrobenfeld Mikrobenfeld
Mikrobenfeld Mikrobenfeld Mikrobenfeld Mikrobenfeld
Mikrobenfeld Mikrobenfeld Mikrobenfeld Mikrobenfeld
Mikrobenfeld Mikrobenfeld Mikrobenfeld Mikrobenfeld
Mikrobenfeld Mikrobenfeld Mikrobenfeld Mikrobenfeld
Mikrobenfeld Mikrobenfeld Mikrobenfeld Mikrobenfeld
Mikrobenfeld Mikrobenfeld Mikrobenfeld Mikrobenfeld
Mikrobenfeld Mikrobenfeld Mikrobenfeld Mikrobenfeld
Mikrobenfeld Mikrobenfeld Mikrobenfeld Mikrobenfeld
Mikrobenfeld Mikrobenfeld Mikrobenfeld Mikrobenfeld
Mikrobenfeld Mikrobenfeld Mikrobenfeld Mikrobenfeld

Mikrobenfeld Mikrobenfeld Mikrobenfeld
Mikrobenfeld Mikrobenfeld Mikrobenfeld
Mikrobenfeld Mikrobenfeld Mikrobenfeld Mikrobenfeld
Mikrobenfeld Mikrobenfeld Mikrobenfeld Mikrobenfeld
Mikrobenfeld Mikrobenfeld Mikrobenfeld Mikrobenfeld
Mikrobenfeld Mikrobenfeld Mikrobenfeld Mikrobenfeld
Mikrobenfeld Mikrobenfeld Mikrobenfeld Mikrobenfeld
Mikrobenfeld Mikrobenfeld Mikrobenfeld Mikrobenfeld
Mikrobenfeld Mikrobenfeld Mikrobenfeld Mikrobenfeld
Mikrobenfeld Mikrobenfeld Mikrobenfeld Mikrobenfeld
Mikrobenfeld Mikrobenfeld Mikrobenfeld Mikrobenfeld
Mikrobenfeld Mikrobenfeld Mikrobenfeld Mikrobenfeld
Mikrobenfeld Mikrobenfeld Mikrobenfeld Mikrobenfeld
Mikrobenfeld Mikrobenfeld Mikrobenfeld Mikrobenfeld
Mikrobenfeld Mikrobenfeld Mikrobenfeld Mikrobenfeld
Mikrobenfeld Mikrobenfeld Mikrobenfeld Mikrobenfeld
Mikrobenfeld Mikrobenfeld Mikrobenfeld Mikrobenfeld
Mikrobenfeld Mikrobenfeld Mikrobenfeld Mikrobenfeld
Mikrobenfeld Mikrobenfeld Mikrobenfeld Mikrobenfeld
Mikrobenfeld Mikrobenfeld Mikrobenfeld Mikrobenfeld
Mikrobenfeld Mikrobenfeld Mikrobenfeld Mikrobenfeld
Mikrobenfeld Mikrobenfeld Mikrobenfeld Mikrobenfeld
Mikrobenfeld Mikrobenfeld Mikrobenfeld
Mikrobenfeld Mikrobenfeld Mikrobenfeld
Mikrobenfeld Mikrobenfeld Mikrobenfeld Mikrobenfeld
Mikrobenfeld Mikrobenfeld Mikrobenfeld Mikrobenfeld
Mikrobenfeld Mikrobenfeld Mikrobenfeld Mikrobenfeld
Mikrobenfeld Mikrobenfeld Mikrobenfeld Mikrobenfeld
Mikrobenfeld Mikrobenfeld Mikrobenfeld Mikrobenfeld
Mikrobenfeld Mikrobenfeld Mikrobenfeld Mikrobenfeld
Mikrobenfeld Mikrobenfeld Mikrobenfeld Mikrobenfeld
Mikrobenfeld Mikrobenfeld Mikrobenfeld Mikrobenfeld
Mikrobenfeld Mikrobenfeld Mikrobenfeld Mikrobenfeld
Mikrobenfeld Mikrobenfeld Mikrobenfeld Mikrobenfeld
Mikrobenfeld Mikrobenfeld Mikrobenfeld Mikrobenfeld
Mikrobenfeld Mikrobenfeld Mikrobenfeld Mikrobenfeld
Mikrobenfeld Mikrobenfeld Mikrobenfeld Mikrobenfeld
Mikrobenfeld Mikrobenfeld Mikrobenfeld Mikrobenfeld

Mikrobenfeld Mikrobenfeld Mikrobenfeld Mikrobenfeld
Mikrobenfeld Mikrobenfeld Mikrobenfeld Mikrobenfeld
Mikrobenfeld Mikrobenfeld Mikrobenfeld Mikrobenfeld
Mikrobenfeld Mikrobenfeld Mikrobenfeld Mikrobenfeld
Mikrobenfeld Mikrobenfeld Mikrobenfeld Mikrobenfeld
Mikrobenfeld Mikrobenfeld Mikrobenfeld Mikrobenfeld
Mikrobenfeld Mikrobenfeld Mikrobenfeld
Mikrobenfeld Mikrobenfeld Mikrobenfeld
Mikrobenfeld Mikrobenfeld Mikrobenfeld Mikrobenfeld
Mikrobenfeld Mikrobenfeld Mikrobenfeld Mikrobenfeld
Mikrobenfeld Mikrobenfeld Mikrobenfeld Mikrobenfeld
Mikrobenfeld Mikrobenfeld Mikrobenfeld Mikrobenfeld
Mikrobenfeld Mikrobenfeld Mikrobenfeld Mikrobenfeld
Mikrobenfeld Mikrobenfeld Mikrobenfeld Mikrobenfeld
Mikrobenfeld Mikrobenfeld Mikrobenfeld Mikrobenfeld
Mikrobenfeld Mikrobenfeld Mikrobenfeld Mikrobenfeld
Mikrobenfeld Mikrobenfeld Mikrobenfeld Mikrobenfeld
Mikrobenfeld Mikrobenfeld Mikrobenfeld Mikrobenfeld
Mikrobenfeld Mikrobenfeld Mikrobenfeld Mikrobenfeld
Mikrobenfeld Mikrobenfeld Mikrobenfeld Mikrobenfeld
Mikrobenfeld Mikrobenfeld Mikrobenfeld Mikrobenfeld
Mikrobenfeld Mikrobenfeld Mikrobenfeld Mikrobenfeld
Mikrobenfeld Mikrobenfeld Mikrobenfeld Mikrobenfeld
Mikrobenfeld Mikrobenfeld Mikrobenfeld Mikrobenfeld
Mikrobenfeld Mikrobenfeld Mikrobenfeld Mikrobenfeld
Mikrobenfeld Mikrobenfeld Mikrobenfeld Mikrobenfeld
Mikrobenfeld Mikrobenfeld Mikrobenfeld Mikrobenfeld
Mikrobenfeld Mikrobenfeld Mikrobenfeld Mikrobenfeld
Mikrobenfeld Mikrobenfeld Mikrobenfeld
Mikrobenfeld Mikrobenfeld Mikrobenfeld
Mikrobenfeld Mikrobenfeld Mikrobenfeld Mikrobenfeld
Mikrobenfeld Mikrobenfeld Mikrobenfeld Mikrobenfeld
Mikrobenfeld Mikrobenfeld Mikrobenfeld Mikrobenfeld
Mikrobenfeld Mikrobenfeld Mikrobenfeld Mikrobenfeld
Mikrobenfeld Mikrobenfeld Mikrobenfeld Mikrobenfeld
Mikrobenfeld Mikrobenfeld Mikrobenfeld Mikrobenfeld
Mikrobenfeld Mikrobenfeld Mikrobenfeld Mikrobenfeld
Mikrobenfeld Mikrobenfeld Mikrobenfeld Mikrobenfeld

Mikrobenfeld Mikrobenfeld Mikrobenfeld Mikrobenfeld
Mikrobenfeld Mikrobenfeld Mikrobenfeld Mikrobenfeld
Mikrobenfeld Mikrobenfeld Mikrobenfeld Mikrobenfeld
Mikrobenfeld Mikrobenfeld Mikrobenfeld Mikrobenfeld
Mikrobenfeld Mikrobenfeld Mikrobenfeld Mikrobenfeld
Mikrobenfeld Mikrobenfeld Mikrobenfeld Mikrobenfeld
Mikrobenfeld Mikrobenfeld Mikrobenfeld Mikrobenfeld
Mikrobenfeld Mikrobenfeld Mikrobenfeld Mikrobenfeld
Mikrobenfeld Mikrobenfeld Mikrobenfeld Mikrobenfeld
Mikrobenfeld Mikrobenfeld Mikrobenfeld Mikrobenfeld
Mikrobenfeld Mikrobenfeld Mikrobenfeld Mikrobenfeld
Mikrobenfeld Mikrobenfeld Mikrobenfeld Mikrobenfeld
Mikrobenfeld Mikrobenfeld Mikrobenfeld
Mikrobenfeld Mikrobenfeld Mikrobenfeld
Mikrobenfeld Mikrobenfeld Mikrobenfeld Mikrobenfeld
Mikrobenfeld Mikrobenfeld Mikrobenfeld Mikrobenfeld
Mikrobenfeld Mikrobenfeld Mikrobenfeld Mikrobenfeld
Mikrobenfeld Mikrobenfeld Mikrobenfeld Mikrobenfeld
Mikrobenfeld Mikrobenfeld Mikrobenfeld Mikrobenfeld
Mikrobenfeld Mikrobenfeld Mikrobenfeld Mikrobenfeld
Mikrobenfeld Mikrobenfeld Mikrobenfeld Mikrobenfeld
Mikrobenfeld Mikrobenfeld Mikrobenfeld Mikrobenfeld
Mikrobenfeld Mikrobenfeld Mikrobenfeld Mikrobenfeld
Mikrobenfeld Mikrobenfeld Mikrobenfeld Mikrobenfeld
Mikrobenfeld Mikrobenfeld Mikrobenfeld Mikrobenfeld
Mikrobenfeld Mikrobenfeld Mikrobenfeld Mikrobenfeld
Mikrobenfeld Mikrobenfeld Mikrobenfeld Mikrobenfeld
Mikrobenfeld Mikrobenfeld Mikrobenfeld Mikrobenfeld
Mikrobenfeld Mikrobenfeld Mikrobenfeld Mikrobenfeld
Mikrobenfeld Mikrobenfeld Mikrobenfeld Mikrobenfeld
Mikrobenfeld Mikrobenfeld Mikrobenfeld Mikrobenfeld
Mikrobenfeld Mikrobenfeld Mikrobenfeld Mikrobenfeld
Mikrobenfeld Mikrobenfeld Mikrobenfeld Mikrobenfeld
Mikrobenfeld Mikrobenfeld Mikrobenfeld Mikrobenfeld
Mikrobenfeld Mikrobenfeld Mikrobenfeld
Mikrobenfeld Mikrobenfeld Mikrobenfeld
Mikrobenfeld Mikrobenfeld Mikrobenfeld Mikrobenfeld
Mikrobenfeld Mikrobenfeld Mikrobenfeld Mikrobenfeld

Mikrobenfeld Mikrobenfeld Mikrobenfeld Mikrobenfeld
Mikrobenfeld Mikrobenfeld Mikrobenfeld Mikrobenfeld
Mikrobenfeld Mikrobenfeld Mikrobenfeld Mikrobenfeld
Mikrobenfeld Mikrobenfeld Mikrobenfeld Mikrobenfeld
Mikrobenfeld Mikrobenfeld Mikrobenfeld Mikrobenfeld
Mikrobenfeld Mikrobenfeld Mikrobenfeld Mikrobenfeld
Mikrobenfeld Mikrobenfeld Mikrobenfeld Mikrobenfeld
Mikrobenfeld Mikrobenfeld Mikrobenfeld Mikrobenfeld
Mikrobenfeld Mikrobenfeld Mikrobenfeld Mikrobenfeld
Mikrobenfeld Mikrobenfeld Mikrobenfeld Mikrobenfeld
Mikrobenfeld Mikrobenfeld Mikrobenfeld Mikrobenfeld
Mikrobenfeld Mikrobenfeld Mikrobenfeld Mikrobenfeld
Mikrobenfeld Mikrobenfeld Mikrobenfeld Mikrobenfeld
Mikrobenfeld Mikrobenfeld Mikrobenfeld Mikrobenfeld
Mikrobenfeld Mikrobenfeld Mikrobenfeld Mikrobenfeld
Mikrobenfeld Mikrobenfeld Mikrobenfeld Mikrobenfeld
Mikrobenfeld Mikrobenfeld Mikrobenfeld Mikrobenfeld
Mikrobenfeld Mikrobenfeld Mikrobenfeld Mikrobenfeld
Mikrobenfeld Mikrobenfeld Mikrobenfeld
Mikrobenfeld Mikrobenfeld Mikrobenfeld
Mikrobenfeld Mikrobenfeld Mikrobenfeld Mikrobenfeld
Mikrobenfeld Mikrobenfeld Mikrobenfeld Mikrobenfeld
Mikrobenfeld Mikrobenfeld Mikrobenfeld Mikrobenfeld
Mikrobenfeld Mikrobenfeld Mikrobenfeld Mikrobenfeld
Mikrobenfeld Mikrobenfeld Mikrobenfeld Mikrobenfeld
Mikrobenfeld Mikrobenfeld Mikrobenfeld Mikrobenfeld
Mikrobenfeld Mikrobenfeld Mikrobenfeld Mikrobenfeld
Mikrobenfeld Mikrobenfeld Mikrobenfeld Mikrobenfeld
Mikrobenfeld Mikrobenfeld Mikrobenfeld Mikrobenfeld
Mikrobenfeld Mikrobenfeld Mikrobenfeld Mikrobenfeld
Mikrobenfeld Mikrobenfeld Mikrobenfeld Mikrobenfeld
Mikrobenfeld Mikrobenfeld Mikrobenfeld Mikrobenfeld
Mikrobenfeld Mikrobenfeld Mikrobenfeld Mikrobenfeld
Mikrobenfeld Mikrobenfeld Mikrobenfeld Mikrobenfeld
Mikrobenfeld Mikrobenfeld Mikrobenfeld Mikrobenfeld
Mikrobenfeld Mikrobenfeld Mikrobenfeld Mikrobenfeld
Mikrobenfeld Mikrobenfeld Mikrobenfeld Mikrobenfeld
Mikrobenfeld Mikrobenfeld Mikrobenfeld Mikrobenfeld

Mikrobenfeld Mikrobenfeld Mikrobenfeld Mikrobenfeld
Mikrobenfeld Mikrobenfeld Mikrobenfeld Mikrobenfeld
Mikrobenfeld Mikrobenfeld Mikrobenfeld
Mikrobenfeld Mikrobenfeld Mikrobenfeld
Mikrobenfeld Mikrobenfeld Mikrobenfeld Mikrobenfeld
Mikrobenfeld Mikrobenfeld Mikrobenfeld Mikrobenfeld
Mikrobenfeld Mikrobenfeld Mikrobenfeld Mikrobenfeld
Mikrobenfeld Mikrobenfeld Mikrobenfeld Mikrobenfeld
Mikrobenfeld Mikrobenfeld Mikrobenfeld Mikrobenfeld
Mikrobenfeld Mikrobenfeld Mikrobenfeld Mikrobenfeld
Mikrobenfeld Mikrobenfeld Mikrobenfeld Mikrobenfeld
Mikrobenfeld Mikrobenfeld Mikrobenfeld Mikrobenfeld
Mikrobenfeld Mikrobenfeld Mikrobenfeld Mikrobenfeld
Mikrobenfeld Mikrobenfeld Mikrobenfeld Mikrobenfeld
Mikrobenfeld Mikrobenfeld Mikrobenfeld Mikrobenfeld
Mikrobenfeld Mikrobenfeld Mikrobenfeld Mikrobenfeld
Mikrobenfeld Mikrobenfeld Mikrobenfeld Mikrobenfeld
Mikrobenfeld Mikrobenfeld Mikrobenfeld Mikrobenfeld
Mikrobenfeld Mikrobenfeld Mikrobenfeld Mikrobenfeld
Mikrobenfeld Mikrobenfeld Mikrobenfeld Mikrobenfeld
Mikrobenfeld Mikrobenfeld Mikrobenfeld Mikrobenfeld
Mikrobenfeld Mikrobenfeld Mikrobenfeld Mikrobenfeld
Mikrobenfeld Mikrobenfeld Mikrobenfeld Mikrobenfeld
Mikrobenfeld Mikrobenfeld Mikrobenfeld Mikrobenfeld
Mikrobenfeld Mikrobenfeld Mikrobenfeld
Mikrobenfeld Mikrobenfeld Mikrobenfeld
Mikrobenfeld Mikrobenfeld Mikrobenfeld Mikrobenfeld
Mikrobenfeld Mikrobenfeld Mikrobenfeld Mikrobenfeld
Mikrobenfeld Mikrobenfeld Mikrobenfeld Mikrobenfeld
Mikrobenfeld Mikrobenfeld Mikrobenfeld Mikrobenfeld
Mikrobenfeld Mikrobenfeld Mikrobenfeld Mikrobenfeld
Mikrobenfeld Mikrobenfeld Mikrobenfeld Mikrobenfeld
Mikrobenfeld Mikrobenfeld Mikrobenfeld Mikrobenfeld
Mikrobenfeld Mikrobenfeld Mikrobenfeld Mikrobenfeld
Mikrobenfeld Mikrobenfeld Mikrobenfeld Mikrobenfeld
Mikrobenfeld Mikrobenfeld Mikrobenfeld Mikrobenfeld
Mikrobenfeld Mikrobenfeld Mikrobenfeld Mikrobenfeld
Mikrobenfeld Mikrobenfeld Mikrobenfeld Mikrobenfeld

Mikrobenfeld Mikrobenfeld Mikrobenfeld Mikrobenfeld
Mikrobenfeld Mikrobenfeld Mikrobenfeld Mikrobenfeld
Mikrobenfeld Mikrobenfeld Mikrobenfeld Mikrobenfeld
Mikrobenfeld Mikrobenfeld Mikrobenfeld Mikrobenfeld
Mikrobenfeld Mikrobenfeld Mikrobenfeld Mikrobenfeld
Mikrobenfeld Mikrobenfeld Mikrobenfeld Mikrobenfeld
Mikrobenfeld Mikrobenfeld Mikrobenfeld Mikrobenfeld
Mikrobenfeld Mikrobenfeld Mikrobenfeld Mikrobenfeld
Mikrobenfeld Mikrobenfeld Mikrobenfeld
Mikrobenfeld Mikrobenfeld Mikrobenfeld
Mikrobenfeld Mikrobenfeld Mikrobenfeld Mikrobenfeld
Mikrobenfeld Mikrobenfeld Mikrobenfeld Mikrobenfeld
Mikrobenfeld Mikrobenfeld Mikrobenfeld Mikrobenfeld
Mikrobenfeld Mikrobenfeld Mikrobenfeld Mikrobenfeld
Mikrobenfeld Mikrobenfeld Mikrobenfeld Mikrobenfeld
Mikrobenfeld Mikrobenfeld Mikrobenfeld Mikrobenfeld
Mikrobenfeld Mikrobenfeld Mikrobenfeld Mikrobenfeld
Mikrobenfeld Mikrobenfeld Mikrobenfeld Mikrobenfeld
Mikrobenfeld Mikrobenfeld Mikrobenfeld Mikrobenfeld
Mikrobenfeld Mikrobenfeld Mikrobenfeld Mikrobenfeld
Mikrobenfeld Mikrobenfeld Mikrobenfeld Mikrobenfeld
Mikrobenfeld Mikrobenfeld Mikrobenfeld Mikrobenfeld
Mikrobenfeld Mikrobenfeld Mikrobenfeld Mikrobenfeld
Mikrobenfeld Mikrobenfeld Mikrobenfeld Mikrobenfeld
Mikrobenfeld Mikrobenfeld Mikrobenfeld Mikrobenfeld
Mikrobenfeld Mikrobenfeld Mikrobenfeld Mikrobenfeld
Mikrobenfeld Mikrobenfeld Mikrobenfeld Mikrobenfeld
Mikrobenfeld Mikrobenfeld Mikrobenfeld Mikrobenfeld
Mikrobenfeld Mikrobenfeld Mikrobenfeld Mikrobenfeld
Mikrobenfeld Mikrobenfeld Mikrobenfeld Mikrobenfeld
Mikrobenfeld Mikrobenfeld Mikrobenfeld
Mikrobenfeld Mikrobenfeld Mikrobenfeld
Mikrobenfeld Mikrobenfeld Mikrobenfeld Mikrobenfeld
Mikrobenfeld Mikrobenfeld Mikrobenfeld Mikrobenfeld
Mikrobenfeld Mikrobenfeld Mikrobenfeld Mikrobenfeld
Mikrobenfeld Mikrobenfeld Mikrobenfeld Mikrobenfeld
Mikrobenfeld Mikrobenfeld Mikrobenfeld Mikrobenfeld
Mikrobenfeld Mikrobenfeld Mikrobenfeld Mikrobenfeld

Mikrobenfeld Mikrobenfeld Mikrobenfeld Mikrobenfeld
Mikrobenfeld Mikrobenfeld Mikrobenfeld Mikrobenfeld
Mikrobenfeld Mikrobenfeld Mikrobenfeld Mikrobenfeld
Mikrobenfeld Mikrobenfeld Mikrobenfeld Mikrobenfeld
Mikrobenfeld Mikrobenfeld Mikrobenfeld Mikrobenfeld
Mikrobenfeld Mikrobenfeld Mikrobenfeld Mikrobenfeld
Mikrobenfeld Mikrobenfeld Mikrobenfeld Mikrobenfeld
Mikrobenfeld Mikrobenfeld Mikrobenfeld Mikrobenfeld
Mikrobenfeld Mikrobenfeld Mikrobenfeld Mikrobenfeld
Mikrobenfeld Mikrobenfeld Mikrobenfeld Mikrobenfeld
Mikrobenfeld Mikrobenfeld Mikrobenfeld Mikrobenfeld
Mikrobenfeld Mikrobenfeld Mikrobenfeld Mikrobenfeld
Mikrobenfeld Mikrobenfeld Mikrobenfeld Mikrobenfeld
Mikrobenfeld Mikrobenfeld Mikrobenfeld Mikrobenfeld
Mikrobenfeld Mikrobenfeld Mikrobenfeld
Mikrobenfeld Mikrobenfeld Mikrobenfeld
Mikrobenfeld Mikrobenfeld Mikrobenfeld Mikrobenfeld
Mikrobenfeld Mikrobenfeld Mikrobenfeld Mikrobenfeld
Mikrobenfeld Mikrobenfeld Mikrobenfeld Mikrobenfeld
Mikrobenfeld Mikrobenfeld Mikrobenfeld Mikrobenfeld
Mikrobenfeld Mikrobenfeld Mikrobenfeld Mikrobenfeld
Mikrobenfeld Mikrobenfeld Mikrobenfeld Mikrobenfeld
Mikrobenfeld Mikrobenfeld Mikrobenfeld Mikrobenfeld
Mikrobenfeld Mikrobenfeld Mikrobenfeld Mikrobenfeld
Mikrobenfeld Mikrobenfeld Mikrobenfeld Mikrobenfeld
Mikrobenfeld Mikrobenfeld Mikrobenfeld Mikrobenfeld
Mikrobenfeld Mikrobenfeld Mikrobenfeld Mikrobenfeld
Mikrobenfeld Mikrobenfeld Mikrobenfeld Mikrobenfeld
Mikrobenfeld Mikrobenfeld Mikrobenfeld Mikrobenfeld
Mikrobenfeld Mikrobenfeld Mikrobenfeld Mikrobenfeld
Mikrobenfeld Mikrobenfeld Mikrobenfeld Mikrobenfeld
Mikrobenfeld Mikrobenfeld Mikrobenfeld Mikrobenfeld
Mikrobenfeld Mikrobenfeld Mikrobenfeld Mikrobenfeld
Mikrobenfeld Mikrobenfeld Mikrobenfeld Mikrobenfeld
Mikrobenfeld Mikrobenfeld Mikrobenfeld Mikrobenfeld
Mikrobenfeld Mikrobenfeld Mikrobenfeld
Mikrobenfeld Mikrobenfeld Mikrobenfeld

Mikrobenfeld Mikrobenfeld Mikrobenfeld Mikrobenfeld
Mikrobenfeld Mikrobenfeld Mikrobenfeld Mikrobenfeld
Mikrobenfeld Mikrobenfeld Mikrobenfeld Mikrobenfeld
Mikrobenfeld Mikrobenfeld Mikrobenfeld Mikrobenfeld
Mikrobenfeld Mikrobenfeld Mikrobenfeld Mikrobenfeld
Mikrobenfeld Mikrobenfeld Mikrobenfeld Mikrobenfeld
Mikrobenfeld Mikrobenfeld Mikrobenfeld Mikrobenfeld
Mikrobenfeld Mikrobenfeld Mikrobenfeld Mikrobenfeld
Mikrobenfeld Mikrobenfeld Mikrobenfeld Mikrobenfeld
Mikrobenfeld Mikrobenfeld Mikrobenfeld Mikrobenfeld
Mikrobenfeld Mikrobenfeld Mikrobenfeld Mikrobenfeld
Mikrobenfeld Mikrobenfeld Mikrobenfeld Mikrobenfeld
Mikrobenfeld Mikrobenfeld Mikrobenfeld Mikrobenfeld
Mikrobenfeld Mikrobenfeld Mikrobenfeld Mikrobenfeld
Mikrobenfeld Mikrobenfeld Mikrobenfeld Mikrobenfeld
Mikrobenfeld Mikrobenfeld Mikrobenfeld Mikrobenfeld
Mikrobenfeld Mikrobenfeld Mikrobenfeld Mikrobenfeld
Mikrobenfeld Mikrobenfeld Mikrobenfeld Mikrobenfeld
Mikrobenfeld Mikrobenfeld Mikrobenfeld Mikrobenfeld
Mikrobenfeld Mikrobenfeld Mikrobenfeld Mikrobenfeld
Mikrobenfeld Mikrobenfeld Mikrobenfeld
Mikrobenfeld Mikrobenfeld Mikrobenfeld
Mikrobenfeld Mikrobenfeld Mikrobenfeld Mikrobenfeld
Mikrobenfeld Mikrobenfeld Mikrobenfeld Mikrobenfeld
Mikrobenfeld Mikrobenfeld Mikrobenfeld Mikrobenfeld
Mikrobenfeld Mikrobenfeld Mikrobenfeld Mikrobenfeld
Mikrobenfeld Mikrobenfeld Mikrobenfeld Mikrobenfeld
Mikrobenfeld Mikrobenfeld Mikrobenfeld Mikrobenfeld
Mikrobenfeld Mikrobenfeld Mikrobenfeld Mikrobenfeld
Mikrobenfeld Mikrobenfeld Mikrobenfeld Mikrobenfeld
Mikrobenfeld Mikrobenfeld Mikrobenfeld Mikrobenfeld
Mikrobenfeld Mikrobenfeld Mikrobenfeld Mikrobenfeld
Mikrobenfeld Mikrobenfeld Mikrobenfeld Mikrobenfeld
Mikrobenfeld Mikrobenfeld Mikrobenfeld Mikrobenfeld
Mikrobenfeld Mikrobenfeld Mikrobenfeld Mikrobenfeld
Mikrobenfeld Mikrobenfeld Mikrobenfeld Mikrobenfeld
Mikrobenfeld Mikrobenfeld Mikrobenfeld Mikrobenfeld
Mikrobenfeld Mikrobenfeld Mikrobenfeld Mikrobenfeld

Mikrobenfeld Mikrobenfeld Mikrobenfeld Mikrobenfeld
Mikrobenfeld Mikrobenfeld Mikrobenfeld Mikrobenfeld
Mikrobenfeld Mikrobenfeld Mikrobenfeld Mikrobenfeld
Mikrobenfeld Mikrobenfeld Mikrobenfeld Mikrobenfeld
Mikrobenfeld Mikrobenfeld Mikrobenfeld
Mikrobenfeld Mikrobenfeld Mikrobenfeld
Mikrobenfeld Mikrobenfeld Mikrobenfeld Mikrobenfeld
Mikrobenfeld Mikrobenfeld Mikrobenfeld Mikrobenfeld
Mikrobenfeld Mikrobenfeld Mikrobenfeld Mikrobenfeld
Mikrobenfeld Mikrobenfeld Mikrobenfeld Mikrobenfeld
Mikrobenfeld Mikrobenfeld Mikrobenfeld Mikrobenfeld
Mikrobenfeld Mikrobenfeld Mikrobenfeld Mikrobenfeld
Mikrobenfeld Mikrobenfeld Mikrobenfeld Mikrobenfeld
Mikrobenfeld Mikrobenfeld Mikrobenfeld Mikrobenfeld
Mikrobenfeld Mikrobenfeld Mikrobenfeld Mikrobenfeld
Mikrobenfeld Mikrobenfeld Mikrobenfeld Mikrobenfeld
Mikrobenfeld Mikrobenfeld Mikrobenfeld Mikrobenfeld
Mikrobenfeld Mikrobenfeld Mikrobenfeld Mikrobenfeld
Mikrobenfeld Mikrobenfeld Mikrobenfeld Mikrobenfeld
Mikrobenfeld Mikrobenfeld Mikrobenfeld Mikrobenfeld
Mikrobenfeld Mikrobenfeld Mikrobenfeld Mikrobenfeld
Mikrobenfeld Mikrobenfeld Mikrobenfeld Mikrobenfeld
Mikrobenfeld Mikrobenfeld Mikrobenfeld Mikrobenfeld
Mikrobenfeld Mikrobenfeld Mikrobenfeld Mikrobenfeld
Mikrobenfeld Mikrobenfeld Mikrobenfeld Mikrobenfeld
Mikrobenfeld Mikrobenfeld Mikrobenfeld Mikrobenfeld
Mikrobenfeld Mikrobenfeld Mikrobenfeld
Mikrobenfeld Mikrobenfeld Mikrobenfeld
Mikrobenfeld Mikrobenfeld Mikrobenfeld Mikrobenfeld
Mikrobenfeld Mikrobenfeld Mikrobenfeld Mikrobenfeld
Mikrobenfeld Mikrobenfeld Mikrobenfeld Mikrobenfeld
Mikrobenfeld Mikrobenfeld Mikrobenfeld Mikrobenfeld
Mikrobenfeld Mikrobenfeld Mikrobenfeld Mikrobenfeld
Mikrobenfeld Mikrobenfeld Mikrobenfeld Mikrobenfeld
Mikrobenfeld Mikrobenfeld Mikrobenfeld Mikrobenfeld
Mikrobenfeld Mikrobenfeld Mikrobenfeld Mikrobenfeld
Mikrobenfeld Mikrobenfeld Mikrobenfeld Mikrobenfeld
Mikrobenfeld Mikrobenfeld Mikrobenfeld Mikrobenfeld

Mikrobenfeld Mikrobenfeld Mikrobenfeld Mikrobenfeld
Mikrobenfeld Mikrobenfeld Mikrobenfeld Mikrobenfeld
Mikrobenfeld Mikrobenfeld Mikrobenfeld Mikrobenfeld
Mikrobenfeld Mikrobenfeld Mikrobenfeld Mikrobenfeld
Mikrobenfeld Mikrobenfeld Mikrobenfeld Mikrobenfeld
Mikrobenfeld Mikrobenfeld Mikrobenfeld Mikrobenfeld
Mikrobenfeld Mikrobenfeld Mikrobenfeld Mikrobenfeld
Mikrobenfeld Mikrobenfeld Mikrobenfeld Mikrobenfeld
Mikrobenfeld Mikrobenfeld Mikrobenfeld Mikrobenfeld
Mikrobenfeld Mikrobenfeld Mikrobenfeld Mikrobenfeld
Mikrobenfeld Mikrobenfeld Mikrobenfeld
Mikrobenfeld Mikrobenfeld Mikrobenfeld
Mikrobenfeld Mikrobenfeld Mikrobenfeld Mikrobenfeld
Mikrobenfeld Mikrobenfeld Mikrobenfeld Mikrobenfeld
Mikrobenfeld Mikrobenfeld Mikrobenfeld Mikrobenfeld
Mikrobenfeld Mikrobenfeld Mikrobenfeld Mikrobenfeld
Mikrobenfeld Mikrobenfeld Mikrobenfeld Mikrobenfeld
Mikrobenfeld Mikrobenfeld Mikrobenfeld Mikrobenfeld
Mikrobenfeld Mikrobenfeld Mikrobenfeld Mikrobenfeld
Mikrobenfeld Mikrobenfeld Mikrobenfeld Mikrobenfeld
Mikrobenfeld Mikrobenfeld Mikrobenfeld Mikrobenfeld
Mikrobenfeld Mikrobenfeld Mikrobenfeld Mikrobenfeld
Mikrobenfeld Mikrobenfeld Mikrobenfeld Mikrobenfeld
Mikrobenfeld Mikrobenfeld Mikrobenfeld Mikrobenfeld
Mikrobenfeld Mikrobenfeld Mikrobenfeld Mikrobenfeld
Mikrobenfeld Mikrobenfeld Mikrobenfeld Mikrobenfeld
Mikrobenfeld Mikrobenfeld Mikrobenfeld Mikrobenfeld
Mikrobenfeld Mikrobenfeld Mikrobenfeld Mikrobenfeld
Mikrobenfeld Mikrobenfeld Mikrobenfeld Mikrobenfeld
Mikrobenfeld Mikrobenfeld Mikrobenfeld Mikrobenfeld
Mikrobenfeld Mikrobenfeld Mikrobenfeld Mikrobenfeld
Mikrobenfeld Mikrobenfeld Mikrobenfeld Mikrobenfeld
Mikrobenfeld Mikrobenfeld Mikrobenfeld
Mikrobenfeld Mikrobenfeld Mikrobenfeld
Mikrobenfeld Mikrobenfeld Mikrobenfeld Mikrobenfeld
Mikrobenfeld Mikrobenfeld Mikrobenfeld Mikrobenfeld
Mikrobenfeld Mikrobenfeld Mikrobenfeld Mikrobenfeld
Mikrobenfeld Mikrobenfeld Mikrobenfeld Mikrobenfeld

Mikrobenfeld Mikrobenfeld Mikrobenfeld Mikrobenfeld
Mikrobenfeld Mikrobenfeld Mikrobenfeld Mikrobenfeld
Mikrobenfeld Mikrobenfeld Mikrobenfeld Mikrobenfeld
Mikrobenfeld Mikrobenfeld Mikrobenfeld Mikrobenfeld
Mikrobenfeld Mikrobenfeld Mikrobenfeld Mikrobenfeld
Mikrobenfeld Mikrobenfeld Mikrobenfeld Mikrobenfeld
Mikrobenfeld Mikrobenfeld Mikrobenfeld Mikrobenfeld
Mikrobenfeld Mikrobenfeld Mikrobenfeld Mikrobenfeld
Mikrobenfeld Mikrobenfeld Mikrobenfeld Mikrobenfeld
Mikrobenfeld Mikrobenfeld Mikrobenfeld Mikrobenfeld
Mikrobenfeld Mikrobenfeld Mikrobenfeld Mikrobenfeld
Mikrobenfeld Mikrobenfeld Mikrobenfeld Mikrobenfeld
Mikrobenfeld Mikrobenfeld Mikrobenfeld Mikrobenfeld
Mikrobenfeld Mikrobenfeld Mikrobenfeld Mikrobenfeld
Mikrobenfeld Mikrobenfeld Mikrobenfeld Mikrobenfeld
Mikrobenfeld Mikrobenfeld Mikrobenfeld Mikrobenfeld
Mikrobenfeld Mikrobenfeld Mikrobenfeld
Mikrobenfeld Mikrobenfeld Mikrobenfeld
Mikrobenfeld Mikrobenfeld Mikrobenfeld Mikrobenfeld
Mikrobenfeld Mikrobenfeld Mikrobenfeld Mikrobenfeld
Mikrobenfeld Mikrobenfeld Mikrobenfeld Mikrobenfeld
Mikrobenfeld Mikrobenfeld Mikrobenfeld Mikrobenfeld
Mikrobenfeld Mikrobenfeld Mikrobenfeld Mikrobenfeld
Mikrobenfeld Mikrobenfeld Mikrobenfeld Mikrobenfeld
Mikrobenfeld Mikrobenfeld Mikrobenfeld Mikrobenfeld
Mikrobenfeld Mikrobenfeld Mikrobenfeld Mikrobenfeld
Mikrobenfeld Mikrobenfeld Mikrobenfeld Mikrobenfeld
Mikrobenfeld Mikrobenfeld Mikrobenfeld Mikrobenfeld
Mikrobenfeld Mikrobenfeld Mikrobenfeld Mikrobenfeld
Mikrobenfeld Mikrobenfeld Mikrobenfeld Mikrobenfeld
Mikrobenfeld Mikrobenfeld Mikrobenfeld Mikrobenfeld
Mikrobenfeld Mikrobenfeld Mikrobenfeld Mikrobenfeld
Mikrobenfeld Mikrobenfeld Mikrobenfeld Mikrobenfeld
Mikrobenfeld Mikrobenfeld Mikrobenfeld Mikrobenfeld
Mikrobenfeld Mikrobenfeld Mikrobenfeld Mikrobenfeld
Mikrobenfeld Mikrobenfeld Mikrobenfeld Mikrobenfeld
Mikrobenfeld Mikrobenfeld Mikrobenfeld Mikrobenfeld

Mikrobenfeld Mikrobenfeld Mikrobenfeld
Mikrobenfeld Mikrobenfeld Mikrobenfeld
Mikrobenfeld Mikrobenfeld Mikrobenfeld Mikrobenfeld
Mikrobenfeld Mikrobenfeld Mikrobenfeld Mikrobenfeld
Mikrobenfeld Mikrobenfeld Mikrobenfeld Mikrobenfeld
Mikrobenfeld Mikrobenfeld Mikrobenfeld Mikrobenfeld
Mikrobenfeld Mikrobenfeld Mikrobenfeld Mikrobenfeld
Mikrobenfeld Mikrobenfeld Mikrobenfeld Mikrobenfeld
Mikrobenfeld Mikrobenfeld Mikrobenfeld Mikrobenfeld
Mikrobenfeld Mikrobenfeld Mikrobenfeld Mikrobenfeld
Mikrobenfeld Mikrobenfeld Mikrobenfeld Mikrobenfeld
Mikrobenfeld Mikrobenfeld Mikrobenfeld Mikrobenfeld
Mikrobenfeld Mikrobenfeld Mikrobenfeld Mikrobenfeld
Mikrobenfeld Mikrobenfeld Mikrobenfeld Mikrobenfeld
Mikrobenfeld Mikrobenfeld Mikrobenfeld Mikrobenfeld
Mikrobenfeld Mikrobenfeld Mikrobenfeld Mikrobenfeld
Mikrobenfeld Mikrobenfeld Mikrobenfeld Mikrobenfeld
Mikrobenfeld Mikrobenfeld Mikrobenfeld Mikrobenfeld
Mikrobenfeld Mikrobenfeld Mikrobenfeld Mikrobenfeld
Mikrobenfeld Mikrobenfeld Mikrobenfeld Mikrobenfeld
Mikrobenfeld Mikrobenfeld Mikrobenfeld Mikrobenfeld
Mikrobenfeld Mikrobenfeld Mikrobenfeld Mikrobenfeld
Mikrobenfeld Mikrobenfeld Mikrobenfeld
Mikrobenfeld Mikrobenfeld Mikrobenfeld
Mikrobenfeld Mikrobenfeld Mikrobenfeld Mikrobenfeld
Mikrobenfeld Mikrobenfeld Mikrobenfeld Mikrobenfeld
Mikrobenfeld Mikrobenfeld Mikrobenfeld Mikrobenfeld
Mikrobenfeld Mikrobenfeld Mikrobenfeld Mikrobenfeld
Mikrobenfeld Mikrobenfeld Mikrobenfeld Mikrobenfeld
Mikrobenfeld Mikrobenfeld Mikrobenfeld Mikrobenfeld
Mikrobenfeld Mikrobenfeld Mikrobenfeld Mikrobenfeld
Mikrobenfeld Mikrobenfeld Mikrobenfeld Mikrobenfeld
Mikrobenfeld Mikrobenfeld Mikrobenfeld Mikrobenfeld
Mikrobenfeld Mikrobenfeld Mikrobenfeld Mikrobenfeld
Mikrobenfeld Mikrobenfeld Mikrobenfeld Mikrobenfeld
Mikrobenfeld Mikrobenfeld Mikrobenfeld Mikrobenfeld
Mikrobenfeld Mikrobenfeld Mikrobenfeld Mikrobenfeld
Mikrobenfeld Mikrobenfeld Mikrobenfeld Mikrobenfeld

Mikrobenfeld Mikrobenfeld Mikrobenfeld Mikrobenfeld
Mikrobenfeld Mikrobenfeld Mikrobenfeld Mikrobenfeld
Mikrobenfeld Mikrobenfeld Mikrobenfeld Mikrobenfeld
Mikrobenfeld Mikrobenfeld Mikrobenfeld Mikrobenfeld
Mikrobenfeld Mikrobenfeld Mikrobenfeld Mikrobenfeld
Mikrobenfeld Mikrobenfeld Mikrobenfeld Mikrobenfeld
Mikrobenfeld Mikrobenfeld Mikrobenfeld
Mikrobenfeld Mikrobenfeld Mikrobenfeld
Mikrobenfeld Mikrobenfeld Mikrobenfeld Mikrobenfeld
Mikrobenfeld Mikrobenfeld Mikrobenfeld Mikrobenfeld
Mikrobenfeld Mikrobenfeld Mikrobenfeld Mikrobenfeld
Mikrobenfeld Mikrobenfeld Mikrobenfeld Mikrobenfeld
Mikrobenfeld Mikrobenfeld Mikrobenfeld Mikrobenfeld
Mikrobenfeld Mikrobenfeld Mikrobenfeld Mikrobenfeld
Mikrobenfeld Mikrobenfeld Mikrobenfeld Mikrobenfeld
Mikrobenfeld Mikrobenfeld Mikrobenfeld Mikrobenfeld
Mikrobenfeld Mikrobenfeld Mikrobenfeld Mikrobenfeld
Mikrobenfeld Mikrobenfeld Mikrobenfeld Mikrobenfeld
Mikrobenfeld Mikrobenfeld Mikrobenfeld Mikrobenfeld
Mikrobenfeld Mikrobenfeld Mikrobenfeld Mikrobenfeld
Mikrobenfeld Mikrobenfeld Mikrobenfeld Mikrobenfeld
Mikrobenfeld Mikrobenfeld Mikrobenfeld Mikrobenfeld
Mikrobenfeld Mikrobenfeld Mikrobenfeld Mikrobenfeld
Mikrobenfeld Mikrobenfeld Mikrobenfeld Mikrobenfeld
Mikrobenfeld Mikrobenfeld Mikrobenfeld Mikrobenfeld
Mikrobenfeld Mikrobenfeld Mikrobenfeld Mikrobenfeld
Mikrobenfeld Mikrobenfeld Mikrobenfeld Mikrobenfeld
Mikrobenfeld Mikrobenfeld Mikrobenfeld Mikrobenfeld
Mikrobenfeld Mikrobenfeld Mikrobenfeld
Mikrobenfeld Mikrobenfeld Mikrobenfeld
Mikrobenfeld Mikrobenfeld Mikrobenfeld Mikrobenfeld
Mikrobenfeld Mikrobenfeld Mikrobenfeld Mikrobenfeld
Mikrobenfeld Mikrobenfeld Mikrobenfeld Mikrobenfeld
Mikrobenfeld Mikrobenfeld Mikrobenfeld Mikrobenfeld
Mikrobenfeld Mikrobenfeld Mikrobenfeld Mikrobenfeld
Mikrobenfeld Mikrobenfeld Mikrobenfeld Mikrobenfeld
Mikrobenfeld Mikrobenfeld Mikrobenfeld Mikrobenfeld
Mikrobenfeld Mikrobenfeld Mikrobenfeld Mikrobenfeld

Mikrobenfeld Mikrobenfeld Mikrobenfeld Mikrobenfeld
Mikrobenfeld Mikrobenfeld Mikrobenfeld Mikrobenfeld
Mikrobenfeld Mikrobenfeld Mikrobenfeld Mikrobenfeld
Mikrobenfeld Mikrobenfeld Mikrobenfeld Mikrobenfeld
Mikrobenfeld Mikrobenfeld Mikrobenfeld Mikrobenfeld
Mikrobenfeld Mikrobenfeld Mikrobenfeld Mikrobenfeld
Mikrobenfeld Mikrobenfeld Mikrobenfeld Mikrobenfeld
Mikrobenfeld Mikrobenfeld Mikrobenfeld Mikrobenfeld
Mikrobenfeld Mikrobenfeld Mikrobenfeld Mikrobenfeld
Mikrobenfeld Mikrobenfeld Mikrobenfeld Mikrobenfeld
Mikrobenfeld Mikrobenfeld Mikrobenfeld Mikrobenfeld
Mikrobenfeld Mikrobenfeld Mikrobenfeld Mikrobenfeld
Mikrobenfeld Mikrobenfeld Mikrobenfeld
Mikrobenfeld Mikrobenfeld Mikrobenfeld
Mikrobenfeld Mikrobenfeld Mikrobenfeld Mikrobenfeld
Mikrobenfeld Mikrobenfeld Mikrobenfeld Mikrobenfeld
Mikrobenfeld Mikrobenfeld Mikrobenfeld Mikrobenfeld
Mikrobenfeld Mikrobenfeld Mikrobenfeld Mikrobenfeld
Mikrobenfeld Mikrobenfeld Mikrobenfeld Mikrobenfeld
Mikrobenfeld Mikrobenfeld Mikrobenfeld Mikrobenfeld
Mikrobenfeld Mikrobenfeld Mikrobenfeld Mikrobenfeld
Mikrobenfeld Mikrobenfeld Mikrobenfeld Mikrobenfeld
Mikrobenfeld Mikrobenfeld Mikrobenfeld Mikrobenfeld
Mikrobenfeld Mikrobenfeld Mikrobenfeld Mikrobenfeld
Mikrobenfeld Mikrobenfeld Mikrobenfeld Mikrobenfeld
Mikrobenfeld Mikrobenfeld Mikrobenfeld Mikrobenfeld
Mikrobenfeld Mikrobenfeld Mikrobenfeld Mikrobenfeld
Mikrobenfeld Mikrobenfeld Mikrobenfeld Mikrobenfeld
Mikrobenfeld Mikrobenfeld Mikrobenfeld Mikrobenfeld
Mikrobenfeld Mikrobenfeld Mikrobenfeld Mikrobenfeld
Mikrobenfeld Mikrobenfeld Mikrobenfeld Mikrobenfeld
Mikrobenfeld Mikrobenfeld Mikrobenfeld Mikrobenfeld
Mikrobenfeld Mikrobenfeld Mikrobenfeld Mikrobenfeld
Mikrobenfeld Mikrobenfeld Mikrobenfeld Mikrobenfeld
Mikrobenfeld Mikrobenfeld Mikrobenfeld
Mikrobenfeld Mikrobenfeld Mikrobenfeld
Mikrobenfeld Mikrobenfeld Mikrobenfeld Mikrobenfeld
Mikrobenfeld Mikrobenfeld Mikrobenfeld Mikrobenfeld

Mikrobenfeld Mikrobenfeld Mikrobenfeld Mikrobenfeld
Mikrobenfeld Mikrobenfeld Mikrobenfeld Mikrobenfeld
Mikrobenfeld Mikrobenfeld Mikrobenfeld Mikrobenfeld
Mikrobenfeld Mikrobenfeld Mikrobenfeld Mikrobenfeld
Mikrobenfeld Mikrobenfeld Mikrobenfeld Mikrobenfeld
Mikrobenfeld Mikrobenfeld Mikrobenfeld Mikrobenfeld
Mikrobenfeld Mikrobenfeld Mikrobenfeld Mikrobenfeld
Mikrobenfeld Mikrobenfeld Mikrobenfeld Mikrobenfeld
Mikrobenfeld Mikrobenfeld Mikrobenfeld Mikrobenfeld
Mikrobenfeld Mikrobenfeld Mikrobenfeld Mikrobenfeld
Mikrobenfeld Mikrobenfeld Mikrobenfeld Mikrobenfeld
Mikrobenfeld Mikrobenfeld Mikrobenfeld Mikrobenfeld
Mikrobenfeld Mikrobenfeld Mikrobenfeld Mikrobenfeld
Mikrobenfeld Mikrobenfeld Mikrobenfeld Mikrobenfeld
Mikrobenfeld Mikrobenfeld Mikrobenfeld Mikrobenfeld
Mikrobenfeld Mikrobenfeld Mikrobenfeld Mikrobenfeld
Mikrobenfeld Mikrobenfeld Mikrobenfeld Mikrobenfeld
Mikrobenfeld Mikrobenfeld Mikrobenfeld Mikrobenfeld
Mikrobenfeld Mikrobenfeld Mikrobenfeld
Mikrobenfeld Mikrobenfeld Mikrobenfeld
Mikrobenfeld Mikrobenfeld Mikrobenfeld Mikrobenfeld
Mikrobenfeld Mikrobenfeld Mikrobenfeld Mikrobenfeld
Mikrobenfeld Mikrobenfeld Mikrobenfeld Mikrobenfeld
Mikrobenfeld Mikrobenfeld Mikrobenfeld Mikrobenfeld
Mikrobenfeld Mikrobenfeld Mikrobenfeld Mikrobenfeld
Mikrobenfeld Mikrobenfeld Mikrobenfeld Mikrobenfeld
Mikrobenfeld Mikrobenfeld Mikrobenfeld Mikrobenfeld
Mikrobenfeld Mikrobenfeld Mikrobenfeld Mikrobenfeld
Mikrobenfeld Mikrobenfeld Mikrobenfeld Mikrobenfeld
Mikrobenfeld Mikrobenfeld Mikrobenfeld Mikrobenfeld
Mikrobenfeld Mikrobenfeld Mikrobenfeld Mikrobenfeld
Mikrobenfeld Mikrobenfeld Mikrobenfeld Mikrobenfeld
Mikrobenfeld Mikrobenfeld Mikrobenfeld Mikrobenfeld
Mikrobenfeld Mikrobenfeld Mikrobenfeld Mikrobenfeld
Mikrobenfeld Mikrobenfeld Mikrobenfeld Mikrobenfeld
Mikrobenfeld Mikrobenfeld Mikrobenfeld Mikrobenfeld
Mikrobenfeld Mikrobenfeld Mikrobenfeld Mikrobenfeld
Mikrobenfeld Mikrobenfeld Mikrobenfeld Mikrobenfeld

Mikrobenfeld Mikrobenfeld Mikrobenfeld Mikrobenfeld
Mikrobenfeld Mikrobenfeld Mikrobenfeld Mikrobenfeld
Mikrobenfeld Mikrobenfeld Mikrobenfeld
Mikrobenfeld Mikrobenfeld Mikrobenfeld
Mikrobenfeld Mikrobenfeld Mikrobenfeld Mikrobenfeld
Mikrobenfeld Mikrobenfeld Mikrobenfeld Mikrobenfeld
Mikrobenfeld Mikrobenfeld Mikrobenfeld Mikrobenfeld
Mikrobenfeld Mikrobenfeld Mikrobenfeld Mikrobenfeld
Mikrobenfeld Mikrobenfeld Mikrobenfeld Mikrobenfeld
Mikrobenfeld Mikrobenfeld Mikrobenfeld Mikrobenfeld
Mikrobenfeld Mikrobenfeld Mikrobenfeld Mikrobenfeld
Mikrobenfeld Mikrobenfeld Mikrobenfeld Mikrobenfeld
Mikrobenfeld Mikrobenfeld Mikrobenfeld Mikrobenfeld
Mikrobenfeld Mikrobenfeld Mikrobenfeld Mikrobenfeld
Mikrobenfeld Mikrobenfeld Mikrobenfeld Mikrobenfeld
Mikrobenfeld Mikrobenfeld Mikrobenfeld Mikrobenfeld
Mikrobenfeld Mikrobenfeld Mikrobenfeld Mikrobenfeld
Mikrobenfeld Mikrobenfeld Mikrobenfeld Mikrobenfeld
Mikrobenfeld Mikrobenfeld Mikrobenfeld Mikrobenfeld
Mikrobenfeld Mikrobenfeld Mikrobenfeld Mikrobenfeld
Mikrobenfeld Mikrobenfeld Mikrobenfeld Mikrobenfeld
Mikrobenfeld Mikrobenfeld Mikrobenfeld Mikrobenfeld
Mikrobenfeld Mikrobenfeld Mikrobenfeld Mikrobenfeld
Mikrobenfeld Mikrobenfeld Mikrobenfeld Mikrobenfeld
Mikrobenfeld Mikrobenfeld Mikrobenfeld
Mikrobenfeld Mikrobenfeld Mikrobenfeld
Mikrobenfeld Mikrobenfeld Mikrobenfeld Mikrobenfeld
Mikrobenfeld Mikrobenfeld Mikrobenfeld Mikrobenfeld
Mikrobenfeld Mikrobenfeld Mikrobenfeld Mikrobenfeld
Mikrobenfeld Mikrobenfeld Mikrobenfeld Mikrobenfeld
Mikrobenfeld Mikrobenfeld Mikrobenfeld Mikrobenfeld
Mikrobenfeld Mikrobenfeld Mikrobenfeld Mikrobenfeld
Mikrobenfeld Mikrobenfeld Mikrobenfeld Mikrobenfeld
Mikrobenfeld Mikrobenfeld Mikrobenfeld Mikrobenfeld
Mikrobenfeld Mikrobenfeld Mikrobenfeld Mikrobenfeld
Mikrobenfeld Mikrobenfeld Mikrobenfeld Mikrobenfeld
Mikrobenfeld Mikrobenfeld Mikrobenfeld Mikrobenfeld
Mikrobenfeld Mikrobenfeld Mikrobenfeld Mikrobenfeld

Mikrobenfeld Mikrobenfeld Mikrobenfeld Mikrobenfeld
Mikrobenfeld Mikrobenfeld Mikrobenfeld Mikrobenfeld
Mikrobenfeld Mikrobenfeld Mikrobenfeld Mikrobenfeld
Mikrobenfeld Mikrobenfeld Mikrobenfeld Mikrobenfeld
Mikrobenfeld Mikrobenfeld Mikrobenfeld Mikrobenfeld
Mikrobenfeld Mikrobenfeld Mikrobenfeld Mikrobenfeld
Mikrobenfeld Mikrobenfeld Mikrobenfeld Mikrobenfeld
Mikrobenfeld Mikrobenfeld Mikrobenfeld Mikrobenfeld
Mikrobenfeld Mikrobenfeld Mikrobenfeld
Mikrobenfeld Mikrobenfeld Mikrobenfeld
Mikrobenfeld Mikrobenfeld Mikrobenfeld Mikrobenfeld
Mikrobenfeld Mikrobenfeld Mikrobenfeld Mikrobenfeld
Mikrobenfeld Mikrobenfeld Mikrobenfeld Mikrobenfeld
Mikrobenfeld Mikrobenfeld Mikrobenfeld Mikrobenfeld
Mikrobenfeld Mikrobenfeld Mikrobenfeld Mikrobenfeld
Mikrobenfeld Mikrobenfeld Mikrobenfeld Mikrobenfeld
Mikrobenfeld Mikrobenfeld Mikrobenfeld Mikrobenfeld
Mikrobenfeld Mikrobenfeld Mikrobenfeld Mikrobenfeld
Mikrobenfeld Mikrobenfeld Mikrobenfeld Mikrobenfeld
Mikrobenfeld Mikrobenfeld Mikrobenfeld Mikrobenfeld
Mikrobenfeld Mikrobenfeld Mikrobenfeld Mikrobenfeld
Mikrobenfeld Mikrobenfeld Mikrobenfeld Mikrobenfeld
Mikrobenfeld Mikrobenfeld Mikrobenfeld Mikrobenfeld
Mikrobenfeld Mikrobenfeld Mikrobenfeld Mikrobenfeld
Mikrobenfeld Mikrobenfeld Mikrobenfeld Mikrobenfeld
Mikrobenfeld Mikrobenfeld Mikrobenfeld Mikrobenfeld
Mikrobenfeld Mikrobenfeld Mikrobenfeld Mikrobenfeld
Mikrobenfeld Mikrobenfeld Mikrobenfeld Mikrobenfeld
Mikrobenfeld Mikrobenfeld Mikrobenfeld Mikrobenfeld
Mikrobenfeld Mikrobenfeld Mikrobenfeld Mikrobenfeld
Mikrobenfeld Mikrobenfeld Mikrobenfeld
Mikrobenfeld Mikrobenfeld Mikrobenfeld
Mikrobenfeld Mikrobenfeld Mikrobenfeld Mikrobenfeld
Mikrobenfeld Mikrobenfeld Mikrobenfeld Mikrobenfeld
Mikrobenfeld Mikrobenfeld Mikrobenfeld Mikrobenfeld
Mikrobenfeld Mikrobenfeld Mikrobenfeld Mikrobenfeld
Mikrobenfeld Mikrobenfeld Mikrobenfeld Mikrobenfeld
Mikrobenfeld Mikrobenfeld Mikrobenfeld Mikrobenfeld

Mikrobenfeld Mikrobenfeld Mikrobenfeld Mikrobenfeld
Mikrobenfeld Mikrobenfeld Mikrobenfeld Mikrobenfeld
Mikrobenfeld Mikrobenfeld Mikrobenfeld Mikrobenfeld
Mikrobenfeld Mikrobenfeld Mikrobenfeld Mikrobenfeld
Mikrobenfeld Mikrobenfeld Mikrobenfeld Mikrobenfeld
Mikrobenfeld Mikrobenfeld Mikrobenfeld Mikrobenfeld
Mikrobenfeld Mikrobenfeld Mikrobenfeld Mikrobenfeld
Mikrobenfeld Mikrobenfeld Mikrobenfeld Mikrobenfeld
Mikrobenfeld Mikrobenfeld Mikrobenfeld Mikrobenfeld
Mikrobenfeld Mikrobenfeld Mikrobenfeld Mikrobenfeld
Mikrobenfeld Mikrobenfeld Mikrobenfeld Mikrobenfeld
Mikrobenfeld Mikrobenfeld Mikrobenfeld Mikrobenfeld
Mikrobenfeld Mikrobenfeld Mikrobenfeld Mikrobenfeld
Mikrobenfeld Mikrobenfeld Mikrobenfeld Mikrobenfeld
Mikrobenfeld Mikrobenfeld Mikrobenfeld
Mikrobenfeld Mikrobenfeld Mikrobenfeld
Mikrobenfeld Mikrobenfeld Mikrobenfeld Mikrobenfeld
Mikrobenfeld Mikrobenfeld Mikrobenfeld Mikrobenfeld
Mikrobenfeld Mikrobenfeld Mikrobenfeld Mikrobenfeld
Mikrobenfeld Mikrobenfeld Mikrobenfeld Mikrobenfeld
Mikrobenfeld Mikrobenfeld Mikrobenfeld Mikrobenfeld
Mikrobenfeld Mikrobenfeld Mikrobenfeld Mikrobenfeld
Mikrobenfeld Mikrobenfeld Mikrobenfeld Mikrobenfeld
Mikrobenfeld Mikrobenfeld Mikrobenfeld Mikrobenfeld
Mikrobenfeld Mikrobenfeld Mikrobenfeld Mikrobenfeld
Mikrobenfeld Mikrobenfeld Mikrobenfeld Mikrobenfeld
Mikrobenfeld Mikrobenfeld Mikrobenfeld Mikrobenfeld
Mikrobenfeld Mikrobenfeld Mikrobenfeld Mikrobenfeld
Mikrobenfeld Mikrobenfeld Mikrobenfeld Mikrobenfeld
Mikrobenfeld Mikrobenfeld Mikrobenfeld Mikrobenfeld
Mikrobenfeld Mikrobenfeld Mikrobenfeld Mikrobenfeld
Mikrobenfeld Mikrobenfeld Mikrobenfeld Mikrobenfeld
Mikrobenfeld Mikrobenfeld Mikrobenfeld Mikrobenfeld
Mikrobenfeld Mikrobenfeld Mikrobenfeld Mikrobenfeld
Mikrobenfeld Mikrobenfeld Mikrobenfeld Mikrobenfeld
Mikrobenfeld Mikrobenfeld Mikrobenfeld Mikrobenfeld
Mikrobenfeld Mikrobenfeld Mikrobenfeld
Mikrobenfeld Mikrobenfeld Mikrobenfeld

Mikrobenfeld Mikrobenfeld Mikrobenfeld Mikrobenfeld
Mikrobenfeld Mikrobenfeld Mikrobenfeld Mikrobenfeld
Mikrobenfeld Mikrobenfeld Mikrobenfeld Mikrobenfeld
Mikrobenfeld Mikrobenfeld Mikrobenfeld Mikrobenfeld
Mikrobenfeld Mikrobenfeld Mikrobenfeld Mikrobenfeld
Mikrobenfeld Mikrobenfeld Mikrobenfeld Mikrobenfeld
Mikrobenfeld Mikrobenfeld Mikrobenfeld Mikrobenfeld
Mikrobenfeld Mikrobenfeld Mikrobenfeld Mikrobenfeld
Mikrobenfeld Mikrobenfeld Mikrobenfeld Mikrobenfeld
Mikrobenfeld Mikrobenfeld Mikrobenfeld Mikrobenfeld
Mikrobenfeld Mikrobenfeld Mikrobenfeld Mikrobenfeld
Mikrobenfeld Mikrobenfeld Mikrobenfeld Mikrobenfeld
Mikrobenfeld Mikrobenfeld Mikrobenfeld Mikrobenfeld
Mikrobenfeld Mikrobenfeld Mikrobenfeld Mikrobenfeld
Mikrobenfeld Mikrobenfeld Mikrobenfeld Mikrobenfeld
Mikrobenfeld Mikrobenfeld Mikrobenfeld Mikrobenfeld
Mikrobenfeld Mikrobenfeld Mikrobenfeld Mikrobenfeld
Mikrobenfeld Mikrobenfeld Mikrobenfeld Mikrobenfeld
Mikrobenfeld Mikrobenfeld Mikrobenfeld Mikrobenfeld
Mikrobenfeld Mikrobenfeld Mikrobenfeld Mikrobenfeld
Mikrobenfeld Mikrobenfeld Mikrobenfeld
Mikrobenfeld Mikrobenfeld Mikrobenfeld
Mikrobenfeld Mikrobenfeld Mikrobenfeld Mikrobenfeld
Mikrobenfeld Mikrobenfeld Mikrobenfeld Mikrobenfeld
Mikrobenfeld Mikrobenfeld Mikrobenfeld Mikrobenfeld
Mikrobenfeld Mikrobenfeld Mikrobenfeld Mikrobenfeld
Mikrobenfeld Mikrobenfeld Mikrobenfeld Mikrobenfeld
Mikrobenfeld Mikrobenfeld Mikrobenfeld Mikrobenfeld
Mikrobenfeld Mikrobenfeld Mikrobenfeld Mikrobenfeld
Mikrobenfeld Mikrobenfeld Mikrobenfeld Mikrobenfeld
Mikrobenfeld Mikrobenfeld Mikrobenfeld Mikrobenfeld
Mikrobenfeld Mikrobenfeld Mikrobenfeld Mikrobenfeld
Mikrobenfeld Mikrobenfeld Mikrobenfeld Mikrobenfeld
Mikrobenfeld Mikrobenfeld Mikrobenfeld Mikrobenfeld
Mikrobenfeld Mikrobenfeld Mikrobenfeld Mikrobenfeld
Mikrobenfeld Mikrobenfeld Mikrobenfeld Mikrobenfeld
Mikrobenfeld Mikrobenfeld Mikrobenfeld Mikrobenfeld
Mikrobenfeld Mikrobenfeld Mikrobenfeld Mikrobenfeld

Mikrobenfeld Mikrobenfeld Mikrobenfeld Mikrobenfeld
Mikrobenfeld Mikrobenfeld Mikrobenfeld Mikrobenfeld
Mikrobenfeld Mikrobenfeld Mikrobenfeld Mikrobenfeld
Mikrobenfeld Mikrobenfeld Mikrobenfeld Mikrobenfeld
Mikrobenfeld Mikrobenfeld Mikrobenfeld
Mikrobenfeld Mikrobenfeld Mikrobenfeld
Mikrobenfeld Mikrobenfeld Mikrobenfeld Mikrobenfeld
Mikrobenfeld Mikrobenfeld Mikrobenfeld Mikrobenfeld
Mikrobenfeld Mikrobenfeld Mikrobenfeld Mikrobenfeld
Mikrobenfeld Mikrobenfeld Mikrobenfeld Mikrobenfeld
Mikrobenfeld Mikrobenfeld Mikrobenfeld Mikrobenfeld
Mikrobenfeld Mikrobenfeld Mikrobenfeld Mikrobenfeld
Mikrobenfeld Mikrobenfeld Mikrobenfeld Mikrobenfeld
Mikrobenfeld Mikrobenfeld Mikrobenfeld Mikrobenfeld
Mikrobenfeld Mikrobenfeld Mikrobenfeld Mikrobenfeld
Mikrobenfeld Mikrobenfeld Mikrobenfeld Mikrobenfeld
Mikrobenfeld Mikrobenfeld Mikrobenfeld Mikrobenfeld
Mikrobenfeld Mikrobenfeld Mikrobenfeld Mikrobenfeld
Mikrobenfeld Mikrobenfeld Mikrobenfeld Mikrobenfeld
Mikrobenfeld Mikrobenfeld Mikrobenfeld Mikrobenfeld
Mikrobenfeld Mikrobenfeld Mikrobenfeld Mikrobenfeld
Mikrobenfeld Mikrobenfeld Mikrobenfeld Mikrobenfeld
Mikrobenfeld Mikrobenfeld Mikrobenfeld Mikrobenfeld
Mikrobenfeld Mikrobenfeld Mikrobenfeld Mikrobenfeld
Mikrobenfeld Mikrobenfeld Mikrobenfeld Mikrobenfeld
Mikrobenfeld Mikrobenfeld Mikrobenfeld Mikrobenfeld
Mikrobenfeld Mikrobenfeld Mikrobenfeld
Mikrobenfeld Mikrobenfeld Mikrobenfeld
Mikrobenfeld Mikrobenfeld Mikrobenfeld Mikrobenfeld
Mikrobenfeld Mikrobenfeld Mikrobenfeld Mikrobenfeld
Mikrobenfeld Mikrobenfeld Mikrobenfeld Mikrobenfeld
Mikrobenfeld Mikrobenfeld Mikrobenfeld Mikrobenfeld
Mikrobenfeld Mikrobenfeld Mikrobenfeld Mikrobenfeld
Mikrobenfeld Mikrobenfeld Mikrobenfeld Mikrobenfeld
Mikrobenfeld Mikrobenfeld Mikrobenfeld Mikrobenfeld
Mikrobenfeld Mikrobenfeld Mikrobenfeld Mikrobenfeld
Mikrobenfeld Mikrobenfeld Mikrobenfeld Mikrobenfeld
Mikrobenfeld Mikrobenfeld Mikrobenfeld Mikrobenfeld

Mikrobenfeld Mikrobenfeld Mikrobenfeld Mikrobenfeld
Mikrobenfeld Mikrobenfeld Mikrobenfeld Mikrobenfeld
Mikrobenfeld Mikrobenfeld Mikrobenfeld Mikrobenfeld
Mikrobenfeld Mikrobenfeld Mikrobenfeld Mikrobenfeld
Mikrobenfeld Mikrobenfeld Mikrobenfeld Mikrobenfeld
Mikrobenfeld Mikrobenfeld Mikrobenfeld Mikrobenfeld
Mikrobenfeld Mikrobenfeld Mikrobenfeld Mikrobenfeld
Mikrobenfeld Mikrobenfeld Mikrobenfeld Mikrobenfeld
Mikrobenfeld Mikrobenfeld Mikrobenfeld Mikrobenfeld
Mikrobenfeld Mikrobenfeld Mikrobenfeld Mikrobenfeld
Mikrobenfeld Mikrobenfeld Mikrobenfeld
Mikrobenfeld Mikrobenfeld Mikrobenfeld
Mikrobenfeld Mikrobenfeld Mikrobenfeld Mikrobenfeld
Mikrobenfeld Mikrobenfeld Mikrobenfeld Mikrobenfeld
Mikrobenfeld Mikrobenfeld Mikrobenfeld Mikrobenfeld
Mikrobenfeld Mikrobenfeld Mikrobenfeld Mikrobenfeld
Mikrobenfeld Mikrobenfeld Mikrobenfeld Mikrobenfeld
Mikrobenfeld Mikrobenfeld Mikrobenfeld Mikrobenfeld
Mikrobenfeld Mikrobenfeld Mikrobenfeld Mikrobenfeld
Mikrobenfeld Mikrobenfeld Mikrobenfeld Mikrobenfeld
Mikrobenfeld Mikrobenfeld Mikrobenfeld Mikrobenfeld
Mikrobenfeld Mikrobenfeld Mikrobenfeld Mikrobenfeld
Mikrobenfeld Mikrobenfeld Mikrobenfeld Mikrobenfeld
Mikrobenfeld Mikrobenfeld Mikrobenfeld Mikrobenfeld
Mikrobenfeld Mikrobenfeld Mikrobenfeld Mikrobenfeld
Mikrobenfeld Mikrobenfeld Mikrobenfeld Mikrobenfeld
Mikrobenfeld Mikrobenfeld Mikrobenfeld Mikrobenfeld
Mikrobenfeld Mikrobenfeld Mikrobenfeld Mikrobenfeld
Mikrobenfeld Mikrobenfeld Mikrobenfeld Mikrobenfeld
Mikrobenfeld Mikrobenfeld Mikrobenfeld Mikrobenfeld
Mikrobenfeld Mikrobenfeld Mikrobenfeld Mikrobenfeld
Mikrobenfeld Mikrobenfeld Mikrobenfeld Mikrobenfeld
Mikrobenfeld Mikrobenfeld Mikrobenfeld
Mikrobenfeld Mikrobenfeld Mikrobenfeld
Mikrobenfeld Mikrobenfeld Mikrobenfeld Mikrobenfeld
Mikrobenfeld Mikrobenfeld Mikrobenfeld Mikrobenfeld
Mikrobenfeld Mikrobenfeld Mikrobenfeld Mikrobenfeld
Mikrobenfeld Mikrobenfeld Mikrobenfeld Mikrobenfeld

Mikrobenfeld Mikrobenfeld Mikrobenfeld Mikrobenfeld
Mikrobenfeld Mikrobenfeld Mikrobenfeld Mikrobenfeld
Mikrobenfeld Mikrobenfeld Mikrobenfeld Mikrobenfeld
Mikrobenfeld Mikrobenfeld Mikrobenfeld Mikrobenfeld
Mikrobenfeld Mikrobenfeld Mikrobenfeld Mikrobenfeld
Mikrobenfeld Mikrobenfeld Mikrobenfeld Mikrobenfeld
Mikrobenfeld Mikrobenfeld Mikrobenfeld Mikrobenfeld
Mikrobenfeld Mikrobenfeld Mikrobenfeld Mikrobenfeld
Mikrobenfeld Mikrobenfeld Mikrobenfeld Mikrobenfeld
Mikrobenfeld Mikrobenfeld Mikrobenfeld Mikrobenfeld
Mikrobenfeld Mikrobenfeld Mikrobenfeld Mikrobenfeld
Mikrobenfeld Mikrobenfeld Mikrobenfeld Mikrobenfeld
Mikrobenfeld Mikrobenfeld Mikrobenfeld Mikrobenfeld
Mikrobenfeld Mikrobenfeld Mikrobenfeld Mikrobenfeld
Mikrobenfeld Mikrobenfeld Mikrobenfeld Mikrobenfeld
Mikrobenfeld Mikrobenfeld Mikrobenfeld Mikrobenfeld
Mikrobenfeld Mikrobenfeld Mikrobenfeld
Mikrobenfeld Mikrobenfeld Mikrobenfeld
Mikrobenfeld Mikrobenfeld Mikrobenfeld Mikrobenfeld
Mikrobenfeld Mikrobenfeld Mikrobenfeld Mikrobenfeld
Mikrobenfeld Mikrobenfeld Mikrobenfeld Mikrobenfeld
Mikrobenfeld Mikrobenfeld Mikrobenfeld Mikrobenfeld
Mikrobenfeld Mikrobenfeld Mikrobenfeld Mikrobenfeld
Mikrobenfeld Mikrobenfeld Mikrobenfeld Mikrobenfeld
Mikrobenfeld Mikrobenfeld Mikrobenfeld Mikrobenfeld
Mikrobenfeld Mikrobenfeld Mikrobenfeld Mikrobenfeld
Mikrobenfeld Mikrobenfeld Mikrobenfeld Mikrobenfeld
Mikrobenfeld Mikrobenfeld Mikrobenfeld Mikrobenfeld
Mikrobenfeld Mikrobenfeld Mikrobenfeld Mikrobenfeld
Mikrobenfeld Mikrobenfeld Mikrobenfeld Mikrobenfeld
Mikrobenfeld Mikrobenfeld Mikrobenfeld Mikrobenfeld
Mikrobenfeld Mikrobenfeld Mikrobenfeld Mikrobenfeld
Mikrobenfeld Mikrobenfeld Mikrobenfeld Mikrobenfeld
Mikrobenfeld Mikrobenfeld Mikrobenfeld Mikrobenfeld
Mikrobenfeld Mikrobenfeld Mikrobenfeld Mikrobenfeld
Mikrobenfeld Mikrobenfeld Mikrobenfeld Mikrobenfeld
Mikrobenfeld Mikrobenfeld Mikrobenfeld Mikrobenfeld

Mikrobenfeld Mikrobenfeld Mikrobenfeld
Mikrobenfeld Mikrobenfeld Mikrobenfeld
Mikrobenfeld Mikrobenfeld Mikrobenfeld Mikrobenfeld
Mikrobenfeld Mikrobenfeld Mikrobenfeld Mikrobenfeld
Mikrobenfeld Mikrobenfeld Mikrobenfeld Mikrobenfeld
Mikrobenfeld Mikrobenfeld Mikrobenfeld Mikrobenfeld
Mikrobenfeld Mikrobenfeld Mikrobenfeld Mikrobenfeld
Mikrobenfeld Mikrobenfeld Mikrobenfeld Mikrobenfeld
Mikrobenfeld Mikrobenfeld Mikrobenfeld Mikrobenfeld
Mikrobenfeld Mikrobenfeld Mikrobenfeld Mikrobenfeld
Mikrobenfeld Mikrobenfeld Mikrobenfeld Mikrobenfeld
Mikrobenfeld Mikrobenfeld Mikrobenfeld Mikrobenfeld
Mikrobenfeld Mikrobenfeld Mikrobenfeld Mikrobenfeld
Mikrobenfeld Mikrobenfeld Mikrobenfeld Mikrobenfeld
Mikrobenfeld Mikrobenfeld Mikrobenfeld Mikrobenfeld
Mikrobenfeld Mikrobenfeld Mikrobenfeld Mikrobenfeld
Mikrobenfeld Mikrobenfeld Mikrobenfeld Mikrobenfeld
Mikrobenfeld Mikrobenfeld Mikrobenfeld Mikrobenfeld
Mikrobenfeld Mikrobenfeld Mikrobenfeld Mikrobenfeld
Mikrobenfeld Mikrobenfeld Mikrobenfeld Mikrobenfeld
Mikrobenfeld Mikrobenfeld Mikrobenfeld Mikrobenfeld
Mikrobenfeld Mikrobenfeld Mikrobenfeld Mikrobenfeld
Mikrobenfeld Mikrobenfeld Mikrobenfeld
Mikrobenfeld Mikrobenfeld Mikrobenfeld
Mikrobenfeld Mikrobenfeld Mikrobenfeld Mikrobenfeld
Mikrobenfeld Mikrobenfeld Mikrobenfeld Mikrobenfeld
Mikrobenfeld Mikrobenfeld Mikrobenfeld Mikrobenfeld
Mikrobenfeld Mikrobenfeld Mikrobenfeld Mikrobenfeld
Mikrobenfeld Mikrobenfeld Mikrobenfeld Mikrobenfeld
Mikrobenfeld Mikrobenfeld Mikrobenfeld Mikrobenfeld
Mikrobenfeld Mikrobenfeld Mikrobenfeld Mikrobenfeld
Mikrobenfeld Mikrobenfeld Mikrobenfeld Mikrobenfeld
Mikrobenfeld Mikrobenfeld Mikrobenfeld Mikrobenfeld
Mikrobenfeld Mikrobenfeld Mikrobenfeld Mikrobenfeld
Mikrobenfeld Mikrobenfeld Mikrobenfeld Mikrobenfeld
Mikrobenfeld Mikrobenfeld Mikrobenfeld Mikrobenfeld
Mikrobenfeld Mikrobenfeld Mikrobenfeld Mikrobenfeld

Mikrobenfeld Mikrobenfeld Mikrobenfeld Mikrobenfeld
Mikrobenfeld Mikrobenfeld Mikrobenfeld Mikrobenfeld
Mikrobenfeld Mikrobenfeld Mikrobenfeld Mikrobenfeld
Mikrobenfeld Mikrobenfeld Mikrobenfeld Mikrobenfeld
Mikrobenfeld Mikrobenfeld Mikrobenfeld Mikrobenfeld
Mikrobenfeld Mikrobenfeld Mikrobenfeld Mikrobenfeld
Mikrobenfeld Mikrobenfeld Mikrobenfeld
Mikrobenfeld Mikrobenfeld Mikrobenfeld
Mikrobenfeld Mikrobenfeld Mikrobenfeld Mikrobenfeld
Mikrobenfeld Mikrobenfeld Mikrobenfeld Mikrobenfeld
Mikrobenfeld Mikrobenfeld Mikrobenfeld Mikrobenfeld
Mikrobenfeld Mikrobenfeld Mikrobenfeld Mikrobenfeld
Mikrobenfeld Mikrobenfeld Mikrobenfeld Mikrobenfeld
Mikrobenfeld Mikrobenfeld Mikrobenfeld Mikrobenfeld
Mikrobenfeld Mikrobenfeld Mikrobenfeld Mikrobenfeld
Mikrobenfeld Mikrobenfeld Mikrobenfeld Mikrobenfeld
Mikrobenfeld Mikrobenfeld Mikrobenfeld Mikrobenfeld
Mikrobenfeld Mikrobenfeld Mikrobenfeld Mikrobenfeld
Mikrobenfeld Mikrobenfeld Mikrobenfeld Mikrobenfeld
Mikrobenfeld Mikrobenfeld Mikrobenfeld Mikrobenfeld
Mikrobenfeld Mikrobenfeld Mikrobenfeld Mikrobenfeld
Mikrobenfeld Mikrobenfeld Mikrobenfeld Mikrobenfeld
Mikrobenfeld Mikrobenfeld Mikrobenfeld Mikrobenfeld
Mikrobenfeld Mikrobenfeld Mikrobenfeld Mikrobenfeld
Mikrobenfeld Mikrobenfeld Mikrobenfeld Mikrobenfeld
Mikrobenfeld Mikrobenfeld Mikrobenfeld Mikrobenfeld
Mikrobenfeld Mikrobenfeld Mikrobenfeld Mikrobenfeld
Mikrobenfeld Mikrobenfeld Mikrobenfeld Mikrobenfeld
Mikrobenfeld Mikrobenfeld Mikrobenfeld
Mikrobenfeld Mikrobenfeld Mikrobenfeld
Mikrobenfeld Mikrobenfeld Mikrobenfeld Mikrobenfeld
Mikrobenfeld Mikrobenfeld Mikrobenfeld Mikrobenfeld
Mikrobenfeld Mikrobenfeld Mikrobenfeld Mikrobenfeld
Mikrobenfeld Mikrobenfeld Mikrobenfeld Mikrobenfeld
Mikrobenfeld Mikrobenfeld Mikrobenfeld Mikrobenfeld
Mikrobenfeld Mikrobenfeld Mikrobenfeld Mikrobenfeld
Mikrobenfeld Mikrobenfeld Mikrobenfeld Mikrobenfeld
Mikrobenfeld Mikrobenfeld Mikrobenfeld Mikrobenfeld

Mikrobenfeld Mikrobenfeld Mikrobenfeld Mikrobenfeld
Mikrobenfeld Mikrobenfeld Mikrobenfeld Mikrobenfeld
Mikrobenfeld Mikrobenfeld Mikrobenfeld Mikrobenfeld
Mikrobenfeld Mikrobenfeld Mikrobenfeld Mikrobenfeld
Mikrobenfeld Mikrobenfeld Mikrobenfeld Mikrobenfeld
Mikrobenfeld Mikrobenfeld Mikrobenfeld Mikrobenfeld
Mikrobenfeld Mikrobenfeld Mikrobenfeld Mikrobenfeld
Mikrobenfeld Mikrobenfeld Mikrobenfeld Mikrobenfeld
Mikrobenfeld Mikrobenfeld Mikrobenfeld Mikrobenfeld
Mikrobenfeld Mikrobenfeld Mikrobenfeld Mikrobenfeld
Mikrobenfeld Mikrobenfeld Mikrobenfeld Mikrobenfeld
Mikrobenfeld Mikrobenfeld Mikrobenfeld Mikrobenfeld
Mikrobenfeld Mikrobenfeld Mikrobenfeld
Mikrobenfeld Mikrobenfeld Mikrobenfeld
Mikrobenfeld Mikrobenfeld Mikrobenfeld Mikrobenfeld
Mikrobenfeld Mikrobenfeld Mikrobenfeld Mikrobenfeld
Mikrobenfeld Mikrobenfeld Mikrobenfeld Mikrobenfeld
Mikrobenfeld Mikrobenfeld Mikrobenfeld Mikrobenfeld
Mikrobenfeld Mikrobenfeld Mikrobenfeld Mikrobenfeld
Mikrobenfeld Mikrobenfeld Mikrobenfeld Mikrobenfeld
Mikrobenfeld Mikrobenfeld Mikrobenfeld Mikrobenfeld
Mikrobenfeld Mikrobenfeld Mikrobenfeld Mikrobenfeld
Mikrobenfeld Mikrobenfeld Mikrobenfeld Mikrobenfeld
Mikrobenfeld Mikrobenfeld Mikrobenfeld Mikrobenfeld
Mikrobenfeld Mikrobenfeld Mikrobenfeld Mikrobenfeld
Mikrobenfeld Mikrobenfeld Mikrobenfeld Mikrobenfeld
Mikrobenfeld Mikrobenfeld Mikrobenfeld Mikrobenfeld
Mikrobenfeld Mikrobenfeld Mikrobenfeld Mikrobenfeld
Mikrobenfeld Mikrobenfeld Mikrobenfeld Mikrobenfeld
Mikrobenfeld Mikrobenfeld Mikrobenfeld Mikrobenfeld
Mikrobenfeld Mikrobenfeld Mikrobenfeld Mikrobenfeld
Mikrobenfeld Mikrobenfeld Mikrobenfeld Mikrobenfeld
Mikrobenfeld Mikrobenfeld Mikrobenfeld Mikrobenfeld
Mikrobenfeld Mikrobenfeld Mikrobenfeld Mikrobenfeld
Mikrobenfeld Mikrobenfeld Mikrobenfeld
Mikrobenfeld Mikrobenfeld Mikrobenfeld
Mikrobenfeld Mikrobenfeld Mikrobenfeld Mikrobenfeld
Mikrobenfeld Mikrobenfeld Mikrobenfeld Mikrobenfeld

Mikrobenfeld Mikrobenfeld Mikrobenfeld Mikrobenfeld
Mikrobenfeld Mikrobenfeld Mikrobenfeld Mikrobenfeld
Mikrobenfeld Mikrobenfeld Mikrobenfeld Mikrobenfeld
Mikrobenfeld Mikrobenfeld Mikrobenfeld Mikrobenfeld
Mikrobenfeld Mikrobenfeld Mikrobenfeld Mikrobenfeld
Mikrobenfeld Mikrobenfeld Mikrobenfeld Mikrobenfeld
Mikrobenfeld Mikrobenfeld Mikrobenfeld Mikrobenfeld
Mikrobenfeld Mikrobenfeld Mikrobenfeld Mikrobenfeld
Mikrobenfeld Mikrobenfeld Mikrobenfeld Mikrobenfeld
Mikrobenfeld Mikrobenfeld Mikrobenfeld Mikrobenfeld
Mikrobenfeld Mikrobenfeld Mikrobenfeld Mikrobenfeld
Mikrobenfeld Mikrobenfeld Mikrobenfeld Mikrobenfeld
Mikrobenfeld Mikrobenfeld Mikrobenfeld Mikrobenfeld
Mikrobenfeld Mikrobenfeld Mikrobenfeld Mikrobenfeld
Mikrobenfeld Mikrobenfeld Mikrobenfeld Mikrobenfeld
Mikrobenfeld Mikrobenfeld Mikrobenfeld Mikrobenfeld
Mikrobenfeld Mikrobenfeld Mikrobenfeld Mikrobenfeld
Mikrobenfeld Mikrobenfeld Mikrobenfeld Mikrobenfeld
Mikrobenfeld Mikrobenfeld Mikrobenfeld
Mikrobenfeld Mikrobenfeld Mikrobenfeld
Mikrobenfeld Mikrobenfeld Mikrobenfeld Mikrobenfeld
Mikrobenfeld Mikrobenfeld Mikrobenfeld Mikrobenfeld
Mikrobenfeld Mikrobenfeld Mikrobenfeld Mikrobenfeld
Mikrobenfeld Mikrobenfeld Mikrobenfeld Mikrobenfeld
Mikrobenfeld Mikrobenfeld Mikrobenfeld Mikrobenfeld
Mikrobenfeld Mikrobenfeld Mikrobenfeld Mikrobenfeld
Mikrobenfeld Mikrobenfeld Mikrobenfeld Mikrobenfeld
Mikrobenfeld Mikrobenfeld Mikrobenfeld Mikrobenfeld
Mikrobenfeld Mikrobenfeld Mikrobenfeld Mikrobenfeld
Mikrobenfeld Mikrobenfeld Mikrobenfeld Mikrobenfeld
Mikrobenfeld Mikrobenfeld Mikrobenfeld Mikrobenfeld
Mikrobenfeld Mikrobenfeld Mikrobenfeld Mikrobenfeld
Mikrobenfeld Mikrobenfeld Mikrobenfeld Mikrobenfeld
Mikrobenfeld Mikrobenfeld Mikrobenfeld Mikrobenfeld
Mikrobenfeld Mikrobenfeld Mikrobenfeld Mikrobenfeld
Mikrobenfeld Mikrobenfeld Mikrobenfeld Mikrobenfeld
Mikrobenfeld Mikrobenfeld Mikrobenfeld Mikrobenfeld
Mikrobenfeld Mikrobenfeld Mikrobenfeld Mikrobenfeld

Mikrobenfeld Mikrobenfeld Mikrobenfeld Mikrobenfeld
Mikrobenfeld Mikrobenfeld Mikrobenfeld Mikrobenfeld
Mikrobenfeld Mikrobenfeld Mikrobenfeld
Mikrobenfeld Mikrobenfeld Mikrobenfeld
Mikrobenfeld Mikrobenfeld Mikrobenfeld Mikrobenfeld
Mikrobenfeld Mikrobenfeld Mikrobenfeld Mikrobenfeld
Mikrobenfeld Mikrobenfeld Mikrobenfeld Mikrobenfeld
Mikrobenfeld Mikrobenfeld Mikrobenfeld Mikrobenfeld
Mikrobenfeld Mikrobenfeld Mikrobenfeld Mikrobenfeld
Mikrobenfeld Mikrobenfeld Mikrobenfeld Mikrobenfeld
Mikrobenfeld Mikrobenfeld Mikrobenfeld Mikrobenfeld
Mikrobenfeld Mikrobenfeld Mikrobenfeld Mikrobenfeld
Mikrobenfeld Mikrobenfeld Mikrobenfeld Mikrobenfeld
Mikrobenfeld Mikrobenfeld Mikrobenfeld Mikrobenfeld
Mikrobenfeld Mikrobenfeld Mikrobenfeld Mikrobenfeld
Mikrobenfeld Mikrobenfeld Mikrobenfeld Mikrobenfeld
Mikrobenfeld Mikrobenfeld Mikrobenfeld Mikrobenfeld
Mikrobenfeld Mikrobenfeld Mikrobenfeld Mikrobenfeld
Mikrobenfeld Mikrobenfeld Mikrobenfeld Mikrobenfeld
Mikrobenfeld Mikrobenfeld Mikrobenfeld Mikrobenfeld
Mikrobenfeld Mikrobenfeld Mikrobenfeld Mikrobenfeld
Mikrobenfeld Mikrobenfeld Mikrobenfeld Mikrobenfeld
Mikrobenfeld Mikrobenfeld Mikrobenfeld Mikrobenfeld
Mikrobenfeld Mikrobenfeld Mikrobenfeld Mikrobenfeld
Mikrobenfeld Mikrobenfeld Mikrobenfeld
Mikrobenfeld Mikrobenfeld Mikrobenfeld
Mikrobenfeld Mikrobenfeld Mikrobenfeld Mikrobenfeld
Mikrobenfeld Mikrobenfeld Mikrobenfeld Mikrobenfeld
Mikrobenfeld Mikrobenfeld Mikrobenfeld Mikrobenfeld
Mikrobenfeld Mikrobenfeld Mikrobenfeld Mikrobenfeld
Mikrobenfeld Mikrobenfeld Mikrobenfeld Mikrobenfeld
Mikrobenfeld Mikrobenfeld Mikrobenfeld Mikrobenfeld
Mikrobenfeld Mikrobenfeld Mikrobenfeld Mikrobenfeld
Mikrobenfeld Mikrobenfeld Mikrobenfeld Mikrobenfeld
Mikrobenfeld Mikrobenfeld Mikrobenfeld Mikrobenfeld
Mikrobenfeld Mikrobenfeld Mikrobenfeld Mikrobenfeld
Mikrobenfeld Mikrobenfeld Mikrobenfeld Mikrobenfeld
Mikrobenfeld Mikrobenfeld Mikrobenfeld Mikrobenfeld

Mikrobenfeld Mikrobenfeld Mikrobenfeld Mikrobenfeld
Mikrobenfeld Mikrobenfeld Mikrobenfeld Mikrobenfeld
Mikrobenfeld Mikrobenfeld Mikrobenfeld Mikrobenfeld
Mikrobenfeld Mikrobenfeld Mikrobenfeld Mikrobenfeld
Mikrobenfeld Mikrobenfeld Mikrobenfeld Mikrobenfeld
Mikrobenfeld Mikrobenfeld Mikrobenfeld Mikrobenfeld
Mikrobenfeld Mikrobenfeld Mikrobenfeld Mikrobenfeld
Mikrobenfeld Mikrobenfeld Mikrobenfeld Mikrobenfeld
Mikrobenfeld Mikrobenfeld Mikrobenfeld
Mikrobenfeld Mikrobenfeld Mikrobenfeld
Mikrobenfeld Mikrobenfeld Mikrobenfeld Mikrobenfeld
Mikrobenfeld Mikrobenfeld Mikrobenfeld Mikrobenfeld
Mikrobenfeld Mikrobenfeld Mikrobenfeld Mikrobenfeld
Mikrobenfeld Mikrobenfeld Mikrobenfeld Mikrobenfeld
Mikrobenfeld Mikrobenfeld Mikrobenfeld Mikrobenfeld
Mikrobenfeld Mikrobenfeld Mikrobenfeld Mikrobenfeld
Mikrobenfeld Mikrobenfeld Mikrobenfeld Mikrobenfeld
Mikrobenfeld Mikrobenfeld Mikrobenfeld Mikrobenfeld
Mikrobenfeld Mikrobenfeld Mikrobenfeld Mikrobenfeld
Mikrobenfeld Mikrobenfeld Mikrobenfeld Mikrobenfeld
Mikrobenfeld Mikrobenfeld Mikrobenfeld Mikrobenfeld
Mikrobenfeld Mikrobenfeld Mikrobenfeld Mikrobenfeld
Mikrobenfeld Mikrobenfeld Mikrobenfeld Mikrobenfeld
Mikrobenfeld Mikrobenfeld Mikrobenfeld Mikrobenfeld
Mikrobenfeld Mikrobenfeld Mikrobenfeld Mikrobenfeld
Mikrobenfeld Mikrobenfeld Mikrobenfeld Mikrobenfeld
Mikrobenfeld Mikrobenfeld Mikrobenfeld Mikrobenfeld
Mikrobenfeld Mikrobenfeld Mikrobenfeld Mikrobenfeld
Mikrobenfeld Mikrobenfeld Mikrobenfeld Mikrobenfeld
Mikrobenfeld Mikrobenfeld Mikrobenfeld Mikrobenfeld
Mikrobenfeld Mikrobenfeld Mikrobenfeld
Mikrobenfeld Mikrobenfeld Mikrobenfeld
Mikrobenfeld Mikrobenfeld Mikrobenfeld Mikrobenfeld
Mikrobenfeld Mikrobenfeld Mikrobenfeld Mikrobenfeld
Mikrobenfeld Mikrobenfeld Mikrobenfeld Mikrobenfeld
Mikrobenfeld Mikrobenfeld Mikrobenfeld Mikrobenfeld
Mikrobenfeld Mikrobenfeld Mikrobenfeld Mikrobenfeld
Mikrobenfeld Mikrobenfeld Mikrobenfeld Mikrobenfeld

Mikrobenfeld Mikrobenfeld Mikrobenfeld Mikrobenfeld
Mikrobenfeld Mikrobenfeld Mikrobenfeld Mikrobenfeld
Mikrobenfeld Mikrobenfeld Mikrobenfeld Mikrobenfeld
Mikrobenfeld Mikrobenfeld Mikrobenfeld Mikrobenfeld
Mikrobenfeld Mikrobenfeld Mikrobenfeld Mikrobenfeld
Mikrobenfeld Mikrobenfeld Mikrobenfeld Mikrobenfeld
Mikrobenfeld Mikrobenfeld Mikrobenfeld Mikrobenfeld
Mikrobenfeld Mikrobenfeld Mikrobenfeld Mikrobenfeld
Mikrobenfeld Mikrobenfeld Mikrobenfeld Mikrobenfeld
Mikrobenfeld Mikrobenfeld Mikrobenfeld Mikrobenfeld
Mikrobenfeld Mikrobenfeld Mikrobenfeld Mikrobenfeld
Mikrobenfeld Mikrobenfeld Mikrobenfeld Mikrobenfeld
Mikrobenfeld Mikrobenfeld Mikrobenfeld Mikrobenfeld
Mikrobenfeld Mikrobenfeld Mikrobenfeld Mikrobenfeld
Mikrobenfeld Mikrobenfeld Mikrobenfeld
Mikrobenfeld Mikrobenfeld Mikrobenfeld
Mikrobenfeld Mikrobenfeld Mikrobenfeld Mikrobenfeld
Mikrobenfeld Mikrobenfeld Mikrobenfeld Mikrobenfeld
Mikrobenfeld Mikrobenfeld Mikrobenfeld Mikrobenfeld
Mikrobenfeld Mikrobenfeld Mikrobenfeld Mikrobenfeld
Mikrobenfeld Mikrobenfeld Mikrobenfeld Mikrobenfeld
Mikrobenfeld Mikrobenfeld Mikrobenfeld Mikrobenfeld
Mikrobenfeld Mikrobenfeld Mikrobenfeld Mikrobenfeld
Mikrobenfeld Mikrobenfeld Mikrobenfeld Mikrobenfeld
Mikrobenfeld Mikrobenfeld Mikrobenfeld Mikrobenfeld
Mikrobenfeld Mikrobenfeld Mikrobenfeld Mikrobenfeld
Mikrobenfeld Mikrobenfeld Mikrobenfeld Mikrobenfeld
Mikrobenfeld Mikrobenfeld Mikrobenfeld Mikrobenfeld
Mikrobenfeld Mikrobenfeld Mikrobenfeld Mikrobenfeld
Mikrobenfeld Mikrobenfeld Mikrobenfeld Mikrobenfeld
Mikrobenfeld Mikrobenfeld Mikrobenfeld Mikrobenfeld
Mikrobenfeld Mikrobenfeld Mikrobenfeld Mikrobenfeld
Mikrobenfeld Mikrobenfeld Mikrobenfeld Mikro